择一事，终一生

一つのことに、一生をかける

柳宗悦
北大路鲁山人
谷崎润一郎 等 著

范芸 译

DEDICATE
YOUR LIFE TO
ONE THING

CTS 湖南文艺出版社
PUBLISHING & MEDIA
中南出版传媒集团
HUNAN LITERATURE AND ART PUBLISHING HOUSE

《今宵之主》

[日] 蒲原有明

『今宵之主』为友人家中珍藏的

一只古铜花瓶，乃名器也。

落在绿色的古铜瓶身上

露水从花瓣滴落

古老的花瓶呀

流出一道道锈迹，绚烂而美丽

仿佛一弯傍晚的明月

倒映在静谧的溪水之上

透出凛冽的青光

古老的花瓶呀

花儿经历一年四季

人生亦经历枯荣，时沉时浮

人生在世，宿命如这古瓶

度过一个又一个的日与夜，

最终枯萎、凋零

喜悦与哀愁

随花朵上的露水

在古瓶上留下踪迹

你看，你看，就是这道痕迹

古老的花瓶呀

花儿将灵魂交予你

『今宵之主』

今天你要引哪枝花儿入你瓶中呢

啊，原来花儿就是你的客人呢

柴田是真（1807—1891）

　　活跃于日本江户时代末期至明治时代中期的漆匠、绘师、日本画画家。幼名龟太郎，名种，后改顺藏，字儃然，号令哉、是真等。1890年，因其在漆艺莳绘及绘画领域取得的成就，被选为帝室技艺员（相当于现在的"人间国宝"）。

柴田是真绘，漆画：茶具

柴田是真绘，漆画：盆景

柴田是真绘,花草、萤火虫、漆盘和竹筛

柴田是真绘，小漆桌上的牵牛花

柴田是真绘，屏风：
四季花鸟图

本阿弥光悦制，乐烧白片身变茶碗，铭『不二山』

本阿弥光悦（1558—1637）

　　日本江户时代初期的书法家、艺术家。书道光悦流的始祖，被誉为"宽永三笔"的第一书法家，此外，他在陶艺、漆工、茶道方面亦有涉猎。

　　"不二山"乐烧陶碗，白乐茶碗的一种，本阿弥光悦为其女出嫁时所制，因其女曾用和服袖子包过此碗，故又称"振袖茶碗"。不二山，即富士山，此茶碗下黑上白，与富士山相对应，也隐喻了陶器之美与富士山一般无二。

野野村仁清（生卒年不详）

江户时代初期的陶艺家，又名野野村清右卫门。

仁清的作品上都会盖有"仁清"的印记，是近代最早具有"作家""艺术家"意识的陶工。其代表作是彩绘茶壶，巧妙的旋床技术和华丽的上图手法使得仁清的作品备受追捧。

这件色绘藤花文茶壶在温暖的白釉上，以巧妙的构图描绘了盛开的藤花，花穗和藤蔓被红、紫、金、银等颜色点缀，绿叶的叶脉也被清晰地展现出来。

野野村仁清制，色绘藤花文茶壶

仁阿弥道八制，色绘樱枫文木瓜形钵

仁阿弥道八（1783—1855）

日本江户时代后期的陶艺家，隐居名为"道翁"。

精通乐烧和彩绘，特别在彩绘方面，是被誉为"尾形乾山、野野村仁清再世"的名手。除此之外，还制作了许多人物与动物的陶像与瓷像。

仁阿弥道八制，色绘樱树图透钵

尾形乾山制，茶碗，铭『夕颜』

尾形乾山（1663—1743）

　　日本江户中期的陶艺家，日本画家尾形光琳之弟。受到野野村仁清彩绘陶艺的影响，注重雅趣，形成了自己的风格，备受后人模仿。

永乐保全制，三彩龙文钵

永乐保全（1795—1854）

日本江户时代后期的陶艺家，永乐家第十一代善五郎[1]。

永乐保全掌握了染付、交趾、金襕手、彩绘等多方面的制作工艺，以丰富多彩的技巧为基础，向茶陶灌输了新风。

这件三彩龙文钵采用了中国的法花手法，可以使花纹轮廓线更高，防止釉药混入其中。

[1] 善五郎：制作京烧的家系之一，千家十职之一的「土风炉·烧物师」，世世代代制作土风炉、茶碗等。

永乐和全（1823—1896）

活跃于日本明治初期的陶艺家，永乐保全的长子，永乐家第十二代善五郎。

除了制作家族代代传承的土风炉之外，还有茶碗、向付和盖物等各种各样的作品。擅长交趾烧、安南烧、法花、金襕手等陶瓷器的制作方法。

这件色绘远山若松图角皿取材于乾山的角盘，但并没有照搬乾山的风格，而是以更加设计化的笔触在远山上描绘了若松。

永乐和全制，色绘远山若松图角皿

破瓮之赋

薄田泣菫

厨房中柴火已燃尽
古瓮碎落满地
如人类的切肤之痛
古瓮感同身受。

古瓮碎落满地
脸部圆润的女孩儿
伸出白皙如玉的小手将其抱住
向着森林之山泉，出发吧。

破败的碎片之中
投映出窗外散落的微光
它静静地眺望这景象
沉沦于这独自思考的时光。

在那些干涸的日子里，是谁

把你领入了花园

嘴唇干渴难耐

古瓮掬起的水，慰藉生命。

清澈的东西，容易破碎

过去的人们如是说。

古瓮啊，你如此清澈，

却碎落了一地。

从土里走出之人，

踩着洁净之路之人，

仰慕天空之人，

宿命终如古瓮。

古瓮碎落满地

用手拾起碎片

耐不住这份悲叹

浑然不知，暮色已然将大地笼罩。

目录

第一辑※美之定义　001

一件物品的美丽，是伴随着生活中的每一个时空，与每一个人相关，且与生活共同流转而来的。

第二辑 ※ 蝉时雨

凭着站不住脚的感觉去揣测，反倒会失去创作的自由度。真正的美好，只存在于那些自由而又不受到拘束的东西里。

第三辑※漫 谈　123

尽情活着的生命里，本身便具备了充分的美好，这应该是我们都必须认识到的。

第四辑 ※ 雨过天青　179

看见美，懂得美。每个人的鉴赏能力或高或低，最终都一定会做出与之相对应的选择吧。

第一辑 ※ 美之定义

而来的。

一件物品的美丽，是伴随着生活中的每一个时空，且与每一个人相关，与生活共同流转

美丽的国度和民艺——

柳宗悦

与其去追求独特的美，
不如将美嵌入日常生活中的每一天才是
最重要的。

一

　　科学家们总是致力于将真理带给世界，而我则希望能
在自己的有生之年，尽力将这个世界变得更加美丽。假如
换作宗教家的立场，那么他一定会努力祈祷，盼望着神明
降临于现世吧。所以，我为了将美之国度带到这个世界，
做了很多思考，并尝试将这些思考付诸行动。

　　那么问题就在于，要如何创造出一个以美丽为目的的
国度呢？为了实现这个目标，首先需要解决两个根本性的
问题：

　　其一，应当明确正统的美丽如何定义，即制定出衡量
美丽的标准，不解决这个问题就无法确认前行的方向。其
中，最重要的应当是尽量顺应事物本身来制定标准，并且
必须是具体而详细的基准，倘若标准太过抽象则会很难为
事物带来活力。

　　其二，要如何才能将正统之美广泛地渗透到这个世界
呢？必须要找出一条可行的道路。再者，是否有必要将美
丽和数量众多的事物相联系起来呢，那么多的东西能和美

相互联系起来吗？这是首先需要搞清楚的问题，假如解释不清的话，那我的梦想终究也不过是南柯一梦吧。

为了明确以上两个问题，我仔细回顾了无数作品，打算借此来学习正统之美的模样。通过长时间的经验以及总结，我最终得出了这样一个结论——关于美，过去人们总把精力都用在了美术方面，但我逐渐领悟到，解开美之奥秘的关键，其实存在于工艺的领域之中啊！而工艺中的"民艺"（即普通民众的工艺）早已将美丽的国度带到了我们的眼前，我切实地感受到民艺起到了非常重要的作用。不仅如此，我还看到了其中所蕴含的理与法，以及自然健康的美丽，这些都通过民艺被丰富地呈现了出来。于是我在很长一段时间里，抱着这个信念，敞开心扉，试图成为一名好的民艺的倾听者。

二

我仔细地观察摆放在眼前的作品，不难发现这些东西大致可以被分为两个类别。也许在很久之前，并不存在这样的区别，但进入近代以后，突然被分成了两个对立的类型，甚至还为其增添了等级高低之分。

一种是属于贵族的商品，是为了少数的富人阶级所制作的，极尽奢华，故十分昂贵，还要花费很多的时间和精力，故数量稀少。作者以制作雄伟气派的物品为目标，使

用了很多制作技巧，结果就得出了一件件华丽的作品。于
是理所当然，这些东西外表装饰非常复杂，颜色丰富，形
态各异。而另一种则与之相反，是面向大众的商品。由于
其目标群体为普罗大众，故必须保证数量充足、价格低廉。
于是便需要简单的制作工艺和工序。不仅如此，出于实用
性的目的，还必须尽量省去多余的装饰。最终便自然地产
生了很多既朴素又单纯的作品。

　　那么以上所说的两种类型的东西，究竟哪一方更加美
丽动人呢？对过去的人们而言，理所当然地更加推崇具有
贵族气质的商品，而那些便宜的、面向大众的民器甚至都
没有人愿意多看一眼。不难懂得其中的道理，前者的制作
花费了大量的金钱，使用了太多的制作技巧，看起来十分
优雅，故不会有人去质疑其中的美。加之，这些东西大部
分都是出自名家之手，这就更加值得信赖了。与此相比，
那些原本就不把美当作终极目标的、价格低廉的物品自然
就显得极其平凡了，不仅如此，这些东西甚至被当作劣等
的商品，无人问津。因为人们不认为从这些东西里面能够
发现美，所以便将美的标准归到了贵族阶级所使用的那些
东西之中。

　　从常识的角度来看，这个事实也许能讲得通，但这样
的评判方法真的看到问题的本质了吗？这难道不是一种观
念层面的判断吗？这难道不是将"技巧"与"美"的概念
相互混淆了吗？对那些无名之辈的工匠的轻视，难道不就

是来源于此吗？

三

　　比起我个人的意见，不如回望我们在幼时听闻过的道德与宗教的教条，会更加有说服力吧。毕竟众多的圣人与贤士的教诲一定不会有误。圣人贤士告诉我们：朴素之人比奢华之人更符合神意，富庶之人死后很难进入天国；谦虚之人比自大之人更受人爱戴，道德更加高尚；人生之道不在于异常而奇特的事物之中，而是在平常心之中；能入无人之境的人是真正的贵人；相比技巧，天真无邪的心灵才更为重要；闲居之人容易沾染不善，勤劳之人无暇自哀……

　　假设这些教谕都是真理的话，那么必然可以推导出贵族阶级的东西瑕疵众多，而大众阶级的东西更加健全。打个比方来说，就像温室中的花朵容易被蚊虫侵扰，而野花更耐得住风雨的摧残。仅仅因为地位平凡，就直接遭受蔑视的目光，这是不对的吧。这绝不是人类的感官所带给我们的一个正确的事实。因为即使是事物也可以被当作是活生生的人来看待，所以我们不能认为质朴无华的器具相离道德伦常甚远。人类所踏足的正义之道，与物品所展现出的美丽之道，并不矛盾。我们都已经了解到，大众之物中无碍、安全、健康的东西比起贵族之物要多得多。我并不是一概而论地否定所有贵族之物，但很明显贵族之物中品性岌岌可危的东西不在少数。相同地，我也并不是盛赞所有的民艺作品，但我们也的确不能忽视一个事实——民艺作品之中所蕴含的美与自然健康更容易联系在一起。我在这里向各位呼吁，希望大家能够理解：不能一概地将贵族之物身上所具备的那些品质树立为美的标准。

四

　　但我所提出的观点也并非出自某种理论，从而自圆其说。我的观点来自我对事物的仔细观察，所以我仅仅是阐述了观察结果所得出的真理罢了。要谈论美，一定不能脱离事物本身。远离美的事物空谈美，就像注视着海市蜃楼的倒影一般，站不住脚。空有关于美的知识理论，而不与观察事物时产生的直观感受结合起来的话，最终得到的理论也只是抽象而脱离实际的。

　　那么，各式各样的东西究竟向我呈现出什么了呢？我从其中筛选出美丽的作品之时，特意将贵族之物与大众之物一并拿了出来。我认为以下的三个事实十分明确，大家不可忽略：

　　第一，到目前为止受到诸多人士推崇备至的贵族之物中，真正美丽的作品反而是少之又少的。

第二，与第一条相反，一直被人们所忽略的民艺品中，好看的东西非常之多。

第三，贵族之物中那些好看的作品，很多作品所使用的素材和手法大体上都还比较稚嫩，并不成熟。也就是说这些贵族之物之所以美丽，其实也是因为其根源采用了与民艺品完全相同的制作法则啊。

眼见为实，我将自己所见进行整理和归纳，得出了以下结论。与人类的道德品质一样，自然、谦虚、朴素和单纯都是培养真正的美的必要条件。为何民艺品中好作品层出不穷，我想这可以解释为：因为民艺品中拥有这些必要条件的东西很多。相反地，贵族之物所见的美丽之所以稀缺，也可以认为是因为缺乏这些必要条件，这个理由十分充分。所以我们从民艺品中，能够学到更加丰富而立体的判断美的标准。这个新树立的标准对于美之相关问题的讨论，包含着更加重大的意义。

当然，也许是我过于苛刻了。我所说的"直观感受"，这里出现的"直观"在很多人眼中仍然等同于"主观判断"，在他们看来，我擅自地给了民艺品过高的评价。

但对"直观"的否定不外乎完全封闭了讨论美之相关问题的通道，那些人对我的评价，是对"直观"的本质产生了误解所导致的。所谓的"主观臆断"指的是没有直接观察事物本身就直接得出结论，而非"直观感受"。"直观感受"指的是在概念和常识以前就存在的东西，甚至早于

"主观臆断"。直接地观察事物，不带有任何的观念和有色眼镜。倘若出现了失误，那一定是直接观察得不够仔细。话说回来，美原本是用肉眼看到的，而不是从知识中汲取出来的。肉眼看到的东西绝不会从认知中无端地诞生出来。打个比方，我们可以将一棵活着的大树区分为根茎、枝干、树叶和花朵等部分，但绝对不能将一堆已经被砍伐后的木材还原到原本的状态。对美的理解，根源部分除了直观感受再无他法。

五

接下来说回正题吧。让世界变得更加美丽是我们眼下的任务，可是究竟要如何将美之国度降临于世呢？回望各路伦理学者和经济学家们，他们总是提倡幸福感的最大化，相比之下，美学的领域中却只有一小部分的东西被尊为美，这样下去的话不会为这个世界带来任何的改变。还有那些只有在某种特定情况下才存在的美，对美之时代的变革也是毫无帮助的。比起那些少数的、独特的贵族之物的局部繁荣，数量众多的民艺品的盛行才能为当下带来深远而重要的意义。

追求数量的工艺品，可知其在美的领域为社会带来的意义之重大。庞大的数量是工艺品肩上的荣耀及名誉，而绝非耻辱。以稀有美术品为尊的社会习俗，并不是一种正当和健全的审美观。我们必须思考，将美转换为大众之所有，这点具有极高的重要性。所以，假如工艺品领域走向衰退的话，下一个美的时代也绝对不会到来。

　　为了实现这个理想，当下最要紧的是把美融入人们的生活中去，越日常越好。只在教堂里虔诚的信徒，算不上真正的信徒——而日常生活就是我们每一个人的信仰，是我们最触手可及的东西。与其去追求独特的美，不如将美嵌入日常生活中的每一天才是最重要的。符合这个要求的东西，我认为非民艺莫属。因为民艺品是生活中必不可缺的生活用具，当然，我也并不是说所有的民艺品都具有极高的重要性。欲将美之国度呈现给世人，就必须使大众和美相互联系起来，将生活和美捆绑在一起。从这儿我们就可以了解民艺身上的使命有多么重大了吧。过去人们一直将民艺领域所具有的价值视为等闲，这大概是由于很多评论家和美学家对民艺的认识尚浅吧。

六

　　按照过去的思想，"民艺品缺少价值，唯贵族品尊贵"——这真是一出莫大的悲剧呢。因为靠那些数量稀少的贵族品，终究无法使美之国度成为现实。并且，假如以奢侈而价格高昂的商品为美的话，那么大众与美便完全失去了联系。并且，倘若无数的民艺品从诞生起便是与美无

缘的宿命的话，那么这个社会最终将会被丑陋所覆盖、所
吞噬吧。

　　但话说回来，人们不免好奇：为什么数量繁多、价格
低廉的民艺品身上所展现出来的美如此丰富？被称为民艺
品的作品与那些美丽的东西之间，必然隐藏着某种密不可
分的联系。人们甚至可以从这些东西的身上归纳出美之标
准。俗话说得好，不知者无畏。还有的人说，寻常的普罗
大众更容易得到救赎……这些精妙的智慧同样可以见于民
艺之中。那些品相平庸的民器，实则被赋予了丰富的美感，
这是莫大的福音降临啊。正因为有这些东西的存在，我也
对实现美之国度燃起了信心。纵使有再多的难关和屏障阻
挡在前，民艺品的存在以及人们的信念也一定会再次树立
起人们内心的希望。对民艺的理解是否正确，直接关系到
与美相关的各类问题。我相信终有一天，一定会有越来越
多的人能够了解民艺的内涵。而我们不仅在口头向大众呼
吁，为了人们能够更加直观地通过实物去感知美，向人们
宣扬真理，还修建了一座"民艺馆"。我们的很多读者已经
亲自前往观看，我不禁开始展望，未来人们会自然地体会
到关于美的诸多真理。倘若您感到内心空虚的话，民艺馆
中的各种物件一定会为您吐露这些无上的真理，在您的耳
边娓娓道来。

七

　　之所以要特别重视民艺品，还有一个重要的理由——民族性和国民性总是最率真地体现在这个领域中。正如方才我所说，在各式工艺品之中，与我们的日常生活结合最紧密的东西非民艺莫属。民艺是国民生活的真实反映，不掺杂任何虚伪及杂质，是国民生活的具体体现。所以，只有当民艺昌隆兴盛，才能为稳定国民文化带来坚强不屈的力量。假如民艺衰败颓废，那么国家的文化特质也会在不久之后走向消亡吧。

　　另一方面，极具国民文化的民艺，必然会与手工艺相互联系在一起。相比之下，由于机械工艺向来基于共通的科学性的原理，所以多多少少都会有几分相似之处。故机械工艺看起来缺乏国民性色彩也是在所难免的。与之相反，由于手工艺扎根于当地的传统和原材料，所以必定会展现出鲜艳而丰富的民族特色。这样看来，相较于大城市，民艺更倾向于深深扎根于各地方乡镇。最近各地特色文化的价值再次被人们发掘出来，大概也是出于此原因，这对需要重建民族特色的国家来说是必不可少的基础。甚至可以说，国家将本国的特色完完全全地寄托给了地方的民艺，希望通过民艺表达出来。除民艺以外，再无其他方式可以将国民性真实而具体地表现出来。所以，只有给予民艺健全的发展空间，才能够将本国的特色展现给世界。

综上所述，想要寻找单纯健康而自然的美丽，那么就进入民艺的领域吧，那里丰富无比。其次，要想配得上生活之美，只有实用性强的民艺能够达到。最后，唯有独具特色的民艺，才有力量将民族特色如实地呈现出来。总而言之，我们必须了解到民艺的健康发展与美之国度的实现有着不解之缘。

艺美革新——
北大路鲁山人

丰富的作品只能诞生于多元化的时代，
诞生于内心丰盈的人之手。

　　我理想中的未来的陶艺界是这个样子的——首先陶艺家们有尽可能高的相关艺术修养，兼具自由的思考能力，并以成为自由的、有思想的艺术创作者为目标，尽情挥洒才华，用陶土自如地表达自我。我们似乎身处在一个千载难逢的好时代里，借助时代的东风，是时候拼尽全力，在陶艺界掀起一场革新运动了。

　　如今在日本能够称得上好看的陶瓷器，究竟是什么样的东西呢？我作为一个旁观者，已经静静地守候并观察了十年之久。当被问起这十年中看到了什么样的景象时，如今的我却不得不表示遗憾之情。接下来我也必须如实地向人们报告这个可悲可叹的现状。每当我不得不向大家批判现代陶艺的价值之际，我都会由衷地怀着责任感，向大家讲述我所望见的那些残败的现状，以期吸引诸君的注意。正如前阵子在东京上野一带举办的综合美术展中的展品一样，令我就目前大部分的作品之价值有了直接的感受——每一位艺术家的作品，都让我感到震惊，因为它们都欠缺作品所必需的自由意志，处于缥缈虚无的状态之中。倘若创作者的内心缺乏自由表达的动机，作品便也无法显示出其个性之处。在旁人看来，那样的作品就如同死物一般，理所当然地无法从作品之中感受到丝毫的魅力。还有的作家追求的梦想背离现实，心思亦是浅尝即止，默默地引起审美趣味低级的观众的兴趣，迷惑观众的眼睛。总之，我花尽精力去寻觅好的作品，最终也只是无功而返。

原本站在作家的立场上来看的话，应当对工作从一而终，贯彻始终，并且将自由的意志发挥到底。倘若被旧的观念所束缚，不小心失去了自我的话，便不能称之为富有创意的创作。不愿意从过去的框架中迈出一步，很难获得新鲜的知识。另外，那些不学无术的人手中所掌握的"自由"，其实是胡编乱造的东西，不能说其真正地掌握了"自由"。理所当然地，身为一名作家，就应该尽可能地提高美学方面的教养，只有在自由的艺术创作中品味到满足感，作家才被赋予了生命力。当然，自由的灵魂也容不下绣花枕头般的存在，因为这些人与虚妄和脆弱为伍，所作所为都是建立在谎言之上的。无知者的努力，往往是付出了精力，却得不到结果。

人的一生会遭遇很多不幸，当人们置身于无可奈何的境地中时，会经历各种各样大大小小的体验，假如人生就此被困难所困住，是非常糟糕的。同时，被先入为主的错误观念带偏，也会失去前进的可能性。作家们必须能够领悟到，如何行动才能够不为困难所困、不停止前进的步伐，最终过自由自在、无拘无束的生活。作家身上所谓的"头

脑僵化"，已经成为一种现象，当下的很多作品也正说明了
这一点。不论如何，我还是希望将来能够涌现出更多更丰
富的作品，而丰富的作品只能诞生于多元化的时代，诞生
于内心丰盈的人之手。只有清新脱俗、顽强生活的人，才
能创作出强韧挺拔、品位高尚的作品。那些欠缺和谐之美
的作品，可以说是因为作家的教养水平还不足吧。无知的
人永远不知道恐惧，想要积极地发掘世界之美，为美丽的
事物而喜悦动容，就需要领悟这个世界的理与法，这也是
人类最难参透之处。再者，每当我观赏端庄大方的古典美
术之时，我更加坚信：那些拥有看透是非曲直人格的人，
也必能知晓天地理法。

　　回顾日本历史中诞生的美术作品，尤其是追溯到桃山
时代以前的作品身上，闪烁着惊人的魅力，十分打动人心，
不论哪件作品，都被描绘得活灵活现。再反观当下的美术
界，相比之下显得十分狭隘，甚至可以说有些难看。目光
所能及的那些历史长河中的古典美术，在夸夸其谈先进文
化的世界美术面前，绝对不会低人一等，应该大方地挥动
双臂，向世人展示美丽的日本古典美术。倘若当代作家们
有心想要在广阔而坚韧的大千世界找到自己的落脚之地，
首先应该关注桃山时代之前的古典美术作品，对每一个栩
栩如生的作品给予关注，到那时一定会惊诧于自己的无知
与渺小。

　　百尺竿头，更进一步，孜孜不倦地向大自然学习天然

之美，是不论如何都不能懈怠的。大自然不带一丝虚伪，现代人应当更能领会大自然的真诚与可贵，与自然之美的邂逅，就仿佛是将美之神明深深地镌刻入心一样。只有通过学习自然之美，与美共生之人才能找到生存的价值。

世俗对艺术有着各式各样的看法和理解，作家们必须了断与世俗的牵连，培养出独立的创作心理，为了创作优良的艺术，除了脱离世俗别无他法。有的作家借由振兴经济贸易之名，制作出很低级趣味的仿造品，还有一些光怪陆离的、看不出作者创作意图的劣质品……这些东西都是为了使作家牟利而存在的，它们从日本走向了海外，这种现象让我对日本艺术界的堕落感到惋惜，尤其对陶艺界精神世界的无能感到羞愧难当。另一方面，这些丑陋的劣质品流向海外，也降低了传播者的声誉。日本的传统艺术之美依然留存于古时的日本，在中国和朝鲜看来，日本并不单单流淌着知性而脆弱的血脉，更有着典雅而优美、虽稚嫩却精美的气质。但如今的日本作家却掉入了卑屈的陷阱中，日本民族的先人们所创作出的光彩早已变得荡然无存。历史长河中的那些作品光彩照人——这是身为一个日本人必须要了解的事实，身为日本艺术家则更应该全面地悉知这些艺术品的魅力，去感知这些魅力，并骄傲地将其介绍给世界。唯有这样，将来的日本才能提升工艺美术的水准，毫无羞愧地、大方地向世界展示自己，从而获得荣誉和赞赏。向外国展示日本之美，绝不是一件微不足道的小事，这不仅仅关乎对日本印象的重建，更有着更加重大的意义。以当下为良机，恳请各位作家务必将此作为己任，觉醒吧！再一次思考事物的认知观以及自我的存在价值，借此机会与那些丑陋的旧习惯阔别吧！现在正是重新出发的好机会！就是现在，我们再一次出发，再一次为双眼增添光辉！——我坚信当下就是一个千载难逢的好机会。诸位作家，我们一起转变心态，心境的变化定能为我们带来作为作家的生存价值，那便是我们新生的土壤，所有的深思熟虑，一定能掀起一场大的革命，创作风格也定能迎来新的变革。倘若如此，作家们一定能感受到生活的伟大，为这无上的喜悦而感动得颤抖吧。

如上所述，酝酿在陶艺界掀起革新的风波，哪怕只是弯曲一根手指的动作都会引起诸多意见，问题接踵而至。所以，因身处紧要时刻，吾辈之人的踊跃奋起，也一定能得到世人的谅解吧。

发现生活之美——
宫本百合子

人们可以用物品装饰生活的表面，
用来欣赏，
但也不能否定，
这些东西并不能重新构筑生活的内部结构。

　　我们日常生活中蕴藏着的美感，如今似乎也受到了强风般的重大威胁。

　　首先便是日常生活中日式审美的细节，在逐渐发生着改变。比如我们家中和式房间的拉门，这原本是与我们的感情紧密相连的物件——更换拉门上的和纸时，令人感觉焕然一新，冬天透过它所映衬出的屋外的雪光，等等，这样的拉门与日式的抒情有着很强的羁绊。然而现在人们家中的拉门却十分随意，贴上很差的和纸，甚至一碰就破，谈不上丝毫的美感。

　　尽管我对榻榻米并不熟悉，但如今用来包裹榻榻米边缘的布条变成了人造纤维，导致榻榻米很容易破损，这让我感到很困扰。

　　木棉为人们的生活增添的那些丰富的体验和美好，也许不会重现了吧。

　　我们身边各式各样的物件，其实是在一点点剥夺生活原本的气息，削弱了从前那平易近人的美好，人们的享受也少了许多。

　　当我最近漫步银座背后的街巷时，我发现周遭多出了许多能够引起人们兴趣的商店。

　　真正高贵的事物往往是隐于市的，不论是高级的绫罗绸缎还是精美的容器，都隐藏在人们难以发现的地方。所以当人们在街巷走动，看到这些出现在视野中的商店时，也不过是发出"这可真有意思啊"的感叹罢了，不过必须承认的是，人们的视线的确很容易被这样的东西所吸引。

　　也许是人们都拥有了支配金钱的自由，所以在这个物价居高不下的社会，很多东西便开始变得贵而不精。例如当我想买一只碗的时候，却发现已经找不到物美价廉的商品了，于是我只能将目光转向那些与众不同的东西。

　　同时，人们对传统的日式审美进行了新一番的审视，再次真正地发掘了日本之美，掀起了一股流于表面的风潮。然而有趣的是，外国人眼中的"日本之美"仅仅停留在日本的古典美之中，所以他们对日本的古老事物才能提得起兴致。

　　社会的趋势愈发同一化，小工厂被大工厂吞并，继而消失不见，与之同时人们也把目光转向了那些具有乡土风情的，尤其是那些手工生产的东西，并对此类事物产生了新的爱好。这种社会文化的改变和人们心理活动的变化，十分微妙，意义也十分重大。

　　在每一个时代的文化之中，如果有这样分裂式的现象产生，都是不容忽视的。

　　当生活中的每个角落都失去了自我所熟悉的那份温暖

和美丽后，我们便开始寻求那些有着乡土风情的物件，追求那些物美价廉的东西。而后，人们将这些心仪的东西搬进自己的生活中，四处装点，可以说这不过是一种消费方式的改变罢了。人们可以用物品装饰生活的表面，用来欣赏，但也不能否定，这些东西并不能重新构筑生活的内部结构。

说到那些充满乡土风情的当地特产，原本是当地人日常生活的一部分，代表了当地的特色和风味。然而如今，比起为地方增添风情，倒不如说这些东西已经沦为了代表着某个地区的商品，在大城市里四处叫卖。在过去，这份美好原本属于在那片土地上生活的人们，现在，它们却被经济发展需求所追赶着，被迫离开故土，走向了外面的世界。

柳宗悦先生等人创办的《月刊民艺》杂志的某期座谈会上，曾经提到过，说现在的人逐渐开始把目光放在美的东西上，这已经成为一种趋势，但我们认为形成这种现象的动机并不单纯，不能断定人们是单纯地心向美好，才将美丽的东西引入了生活之中。譬如有的人自己每天身处的环境太过死板和粗鄙，于是想到至少可以在厨房入口挂上门帘作为装点，于是购买门帘作为工艺品装饰。这类人厨房里的架子上，一定储存了充足的粮食。但门帘本为朴素之物，那些发明了门帘的庶民的生活环境，原本也是杂乱无章的。而令人感叹的是，如今人们的生活之中，从那些成堆售卖的陶器中挑出一只茶碗来，却感受不到人情味，这实在是十分糟糕的一件事情。要说生活中什么东西具有美感，当数那些理所当然地存在的东西，比如生活中所必需的小碗和小碟子，人们应该去看看工匠们在这些生活必需品中倾注了多少心血。也许有的人会说，这不过就是一只十五文钱的碟子，但也有人注意到，正是从这只十五文钱的碟子中，透露出了工匠所花费的心思，实则惹人喜爱。那个时代的人，究竟抱有着以上的哪一种心态呢？我想这才是问题的关键点——在自然而然的环境之下，人们究竟品味到什么样的风味——这才是鲜活的美好，才是美丽的事物原本就有的样貌啊！

玛丽·安托瓦内特[1]在皇宫中搭建起寻常百姓的茅舍，在同时代的人们看来，这并不代表贵族文化的健全和丰富，而被认为是法国历史中贵族文化衰退的一个表现。

日本某些地区的农民，编制出极其精巧的背篓，如今，当地的人喜欢将这些不再具备实用性的背篓搜集起来，作为装饰挂在客厅的墙壁上，这是在向其他人传达出房子主人拥有洞察美的能力吧。

再者，外国的宫殿，往往会设置不同主题的殿堂，譬如中式宫殿、土耳其式宫殿等等。顾名思义，建造者采用

1 ◎玛丽·安托瓦内特：法国王后。在法国大革命爆发后，被控叛国罪并被处死，享年38岁。

代表各个国家特色的物品进行装饰。现代的观众们回望这些宫殿，能够通过这些建筑看到过去各个王朝权力者的不同风格和表现手法，像展开的画卷一般，生动地向人们讲述着过去的种种。然而，这样的风格却让我觉得太过浓墨重彩，略显繁冗。

不同国家的物品，各具特色，令人喜爱，选择一两个物件，摆放在家中的角落里，作为小小的装点，这样的做法是比较自然的，能够令人接受的。但有的人喜欢将家中布置成清一色的琉球²风格或是朝鲜风格，单个物品具有的美感便互相联系起来，站在旁观者的角度看来，这与外国宫殿设置的主题殿堂甚为相似，给人带来独特的视觉效果。

我认为，生活中美好的东西，就像是一个巨大的机器，哪怕只是其中的一个小小的日用品，也是生动的存在，有着自己的用处，这种充实感将美与生活连接在了一起。

假如现在眼前有一只饭碗的话，不论它的成色还是形状，都让我特别想用它去盛饭来吃吃，看使用这只碗是什么感觉。我希望所有的物品都能如这般率真而活泼，如果仅强调制作者个人审美偏好的话，当道具用起来反倒显得笨重了。

也就是说，"美好的东西"应当是我们的生活中最不多

---

2 ◎琉球：古代琉球国，现指日本冲绳一带。

余、最不累赘的存在。一件物品的美丽，是伴随着生活中的每一个时空，与每一个人相关，且与生活共同流转而来的。假如美的定义是来自传统的话，那么各个不同的时期使用的物品究竟是以什么为美，这样的思考才是今天创造出新的美好的事物的潜在动力啊。

对于日本传统服饰的再次发掘和品味已经持续一阵子了，可是至今仍未有人提出对女性服饰的改良方案，究其原因，大概是由于人们并没有改良的动机，思维缺乏弹性吧。人们都把矛盾集中在风格单一化的问题上，没有想到人类的活动不过就是劳作与休闲而已，即没能抓住生活最基本的节奏，只把目光放在女性平时穿什么、出席活动时穿什么这个问题上，固化地认为各自只需要某种单一的风格便可。在这样的思维之下，不同服装的美感、庄严感都失去了用武之地。

劳作时穿着的服装，为人们在辛勤劳动之际发掘美感，而休闲时的服装，则需要匹配闲适时光的情绪，只有这样，才能被称为"衣服"。每当听闻有人介绍说"这是经过精心设计之后，可以在劳作时穿着的和服"，总感觉有仿古的嫌疑。又或是在歌舞伎演出服的肩部采用拼接布料、小碎花图案，无袖的儿童和服……当有人向我们推荐这些服装的时候，难道不会感觉折损了服饰原本的情趣吗？工作服精巧之处，并不是源于将工作游戏化，更不是刻板地将其固定为某一个姿势。应当单纯地直视劳作的目的，根据工作的内容仔细选择材料和质地，倘若用头上戴的三角笠来比喻的话，工作服正如固定帽子的那根红绳，既实用又亮丽，我认为这才是劳作时的衣裳应该有的样子。

我认为应该重视将日常生活中那些平凡的点点滴滴转化成美好的事物，生活中随处可见的、无名的东西里，究竟蕴藏着怎样的美。即人的内在感情中潜藏着多少丰富的、发掘美好的能力，这将变得十分关键。如今的日本社会，人们的内在感情动荡不安，导致其内在的创意能力也发生了复杂的变化，而我正实际经历着这些变革。

再谈谈染色的问题吧。听人说起，如今染色工艺或许即将面临转机。过去，染料充足，于是生产布料的师傅们可以尽情地使用刺绣、金箔银箔等材料，对技艺娴熟的工匠来说，得以为作品增添一些姿色或是夸张效果。但染色工艺统一工业化后，对各自技法的要求随之减少，工匠们只能钻研更加纯粹的染色技术。其中，真正热爱这门手艺的人，也期待着自己能为染色技术带来新的进步。然而这并不容易，从商业的角度来看，生意必须顾及成本，而单单为了那些普通人眼中根本无法辨别的细节，又有多少工匠会抱着对事业的良心，去无私地奉献呢？多亏了还有这样的工匠的存在，高水准的染色工艺被维持了下来。

既然时代的趋势不可阻挡，即便今后想要努力去维系日常生活中的那些美丽，终究也会变得越来越吃力。人们对从前那些逝去的美好的乡愁，以及展现出的对手工制品的喜爱，都正是今日社会下美之衰弱的征兆。

在闪烁着微光的生活之中，顺应改变的潮流，去捕捉并创造出造型之美的事物——我期望自己能有这般充盈的内心世界。同时我也希望能够物尽其用，领会美丽事物之精髓。在一定的机缘之下，美也会转变为丑，希望自己能有敏锐的洞察力，看透美丑交替的那一刻吧。

杂草杂谈——
河井宽次郎

现如今真正维系着菊之美好的，
当数那些被遗忘在田边角落的，
耐得住风霜的小野菊吧。

罂粟花被用来制毒之后，便被驱逐出了花田。

将其绚烂华丽的花朵摘走，对孩子们来说，何其不幸。

我并不打算取之以制毒，希望你们将这份美丽归还于我。

柿子是一名诚实的雕刻家，将尽自我之全力用心雕琢的花朵，毫不留情地挥洒至地面上。即便是对于不会结出果实的花儿们，柿子也同样殚精竭虑。

矢车菊，女孩儿们和服上常见的图案，在它的映衬下孩子们显得愈发美丽。随着孩子们的成长，和服上的矢车菊虽然已经消失不见，但在孩子们的心田中，它依旧盛开。

南瓜花得不到任何人的赞美，人们只摘走南瓜的果实，却鲜有人留意它的花朵。如今在缩缅南瓜[1]和葫芦南瓜身上已经看不到那些褶皱了，也许人们当时并没有刻意地把它们放在心上，但定不会将这份美丽遗忘。许是当时人们日

---

1 ◎ 缩缅南瓜：爱知县的一种代表南瓜品种。

常生活中经常食用这些表面有着褶皱的南瓜吧，所以深谙石雕表面的凹凸之美，故石雕得以在市面上开始流行。

天香百合一旦从山间移植到人工花田中，便会丧失它那无与伦比的芬芳。也许是因为它不舍离开那长满芳草的故乡，为了能够早日归去，便将芬芳作为纪念，永远地留在山间了吧。

山茶花以惊人的速度诞生出了很多变种。记得在以前还只有野山茶的年代，对眼里只有这一种山茶花的孩子们来说却是幸运的——虽然如今通过各品种的嫁接，得出崭新的品种的确很有趣，但这种变魔术一样的趣味性与山茶本身的美丽是毫无关联的。你看野山茶那端正的形状和它那深邃而纯粹的颜色，仿佛是雪天里暖被桌下的炭火一样，让人倍感温暖。

王瓜之花，隐藏于谁都不曾注意到的杂草丛之中，王瓜费尽了心思为自己编织出一朵朵花儿。王瓜的果实总是被鸟儿们所觊觎，假如就连花朵也受到大家的追捧，王瓜定会不乐意的吧！

桐花的高名广为流传，但却很难见到。这是因为桐花厌倦了平地上的琐事，跑到无人问津的高处，纵情地绽放自我了呢。

野生的铃兰从原生地被移植出来，便会迅速地枯萎，铃兰以死抗拒离开自己的故土。最近被广泛种植的外来品种则不论在哪片土地中都能适应，十分单纯率直，但这样的花也许会被认为缺乏气节和节操吧。

郁金香彼时还未传入日本，对郁金香的印象不过就是装在涂满油漆的铁皮箱子里。自古便传入日本的各式花草经过与岁月的磨合，与新土地相交甚好，彼此体谅，最终适应。果然，能够坚守住节操的还是野草一类啊。

大波斯菊在童年懂事的时候便已经适应了日本的环境，在农户的屋后和田边安了家。

宝盖草²究竟是什么样的草，我也想坐上去试试。彼岸花究竟是多么坚强的花朵、萱草之叶到底是不是一柄正宗名刀的形状呢？

究竟哪株是蝴蝶花哪株是燕子花，对于孩子们来说根本无关紧要，因为它们都很漂亮。这些花儿仿佛被绣在了水做的画布上，更加美丽动人了。我不由得担心，它们被雨淋湿了不要紧吗？它们这个样子又会被夕阳所嘲笑吗？

曼珠沙华喜欢在田边的地藏菩萨身边安家，围绕着就像在举办活动一般。另外，这种花也喜欢牧场，因为那里是能够充分燃尽寂寞的地方啊。

海棠是一种始终在盼望着雨的花朵，华丽的外表下面埋藏着忧郁，总是低垂着脑袋，等待着雨的降临。

石榴花张开了鲜红的大嘴，直勾勾地盯着夏天水井边正在制作河豚料理的女士。

2◎宝盖草：日语名称叫作"佛之座"。

　　荠菜花遍布于乡间小路边，不被人所发觉是荠菜花的幸运，这样便可以保持野生的状态。假如你不小心去把玩它的花蕾，便会被它狠狠反击。

　　菊花一直被认为是国花，受人爱戴已久。菊花的形象被人们广泛使用，争奇斗艳，互相攀比颜色，于是变得平庸了。现如今真正维系着菊之美好的，当数那些被遗忘在田边角落的，耐得住风霜的小野菊吧。

　　柑橘之花精灵古怪。它们总是遮遮掩掩，同时招揽很多的小虫子。对于柑橘来说，人类必定是不受欢迎的客人，但柑橘的果实，却是被人类这个不速之客给摘走了。

　　栀子花在梅雨季节昏暗的夜晚，捧起洁白的面庞，扑鼻的香气引得人们前往，栀子花那美妙的果实、漂亮的颜色，不正是它发自心灵深处的爱意之言吗？

　　我想，那些虽然残缺，且粗枝大叶的事物，那些潮流以外的"老古董"——这些事物其实有着自己的一份骄傲，在人们看不到的地方享受着喜悦和自由，它们心怀遥远的希望，体味着这份残缺之美。

　　儿时初见龙胆草，是在深秋时节的山间草丛中。龙胆草大半的身体被即将枯萎的草丛掩埋，高高地抬起头，伸出舌头舔舐天空的滋味。这时，不知道是哪国来的舶来物种拼了命地挺直了腰杆，一副得意扬扬的姿态，倘若它们见到如此低调的龙胆草的话，一定会感到惭愧吧。

　　进入德庆寺的大门，意外地发现一株巨大的芙蓉花，本该像胡枝子一样每年进行修剪，但因为疏于修整，已经变得像小山堆一样繁茂，枝头长满了花朵，甚是壮观。不久后散落一地，这样繁华的景象，是芙蓉才有的骄傲。

　　孩子们觅得木槿同科的白色品种，于是播种种植，可是不知什么时候它与蒙着一层尘埃一样的紫色花儿互相交配，从原本埋下的种子中生长出略带深红色的花朵。不论是芙蓉还是木槿，都会吸引身体像蛾子一样可爱的蝴蝶前来光顾，而这株植物却从开花时节起，就吸引了大量的不知从何方赶来的蝴蝶，让人感到非常惊喜。另外，芙蓉花也有一个叫作"醉芙蓉"的变种，醉芙蓉在晨间看起来是恰到好处的白色，可是随着日头升高，会逐渐变成红色，好像是喝了日本酒后微醺的样子。

　　据说鸡冠花来自遥远的国度，并适应了日本的土地，对孩子们来说则并不陌生，随处可见，十分亲切。也被称为"狮子头"，造型华丽，派头十足，很难让人不喜欢。雁来红也是一样，院子里、房屋后的菜地里，十分常见，它的颜色使得这个季节看起来更加深沉，给予了人们视觉上的享受。

　　忽而感悟到，所谓的"为己而杀生"——为了自己活下去，不得不扼杀其他的事物——这听上去是十分荒谬的。究竟要扼杀什么，而什么东西又被我们扼杀了呢？恐怕真正这样做的人并不多吧。另外，"被扼杀的东西，会在扼杀者的身体里再度重生"，那么其他的那些被扼杀的事物一定都有着自己的归宿吗？佛法中所讲述的"不生不灭"³，也是这么一回事吧。在空气中打出一个孔，便会因为气体流动产生声音，在黑暗中凿出一个洞，便会透入光亮，万物相连，生生不息。

那些潜藏在内心中的快乐、贪恋享乐所带来的愉悦、油然而生的喜悦、放空自我的满足感、因为遗忘而带来的悠闲，甚至那些因为慵懒和怠慢所带来的快感，都是组成了我这个人的一部分呢！

3 ◎ 不生不灭：佛教认为一切事物皆虚幻，本来无一物，既未生，故不灭。

佛像与佛塔——

高见顺

缅甸人这般严肃的做法，

正是告诉了我们佛像原本的意义是参拜，

而并不是用来欣赏的。

　　与我一同前往缅甸的朋友，曾经书写过缅甸的佛像是
多么破败不堪。缅甸是有名的佛教国家，佛像遍布缅甸的
每一个角落，其中我所造访过的佛像雕塑，看上去都十分
破旧不堪，甚至用"儿戏"来形容那些佛像的外表也不会
显得过分。相比之下，虽然我们在日本祭拜的佛像并不是
都那么派头十足，具有美感，可是，即便是在自家佛坛上
供奉的佛像，虽然谈不上多么精美，但可以确定的是，那
些佛像都有着一股令人肃穆和虔诚的力量。然而当我到缅
甸之后，当地的佛像并没有让我感受到应当心向虔诚的气
息，甚至让我感到怀疑，为什么要对着这样一尊佛像祭拜
呢？缅甸人每天供奉这样的佛像，难道不会觉得难为情吗？
另外，日本的佛堂中通常供奉着一尊释迦牟尼像，而缅甸
的佛堂中则罗列着众多大小不一的佛像，数量之多，盛况
空前。缅甸人对着这些佛像，依次参拜，并掷入善缘，在我
看来，这众多的佛像看上去都索然无味。
　　缅甸这样的国家在文化方面所展示出的低调，与日本
明治时代对待文化的标准是不同的，这个不同来源于更加

深的层面。伊原宇三郎[1]先生来到缅甸时，曾对我讲述，在
他眼中缅甸等地在造型美术方面还很贫瘠，给他一种令人
感到幻灭的感觉。

伊原先生在战后从相对危险的新加坡特意来到缅甸，
对佛教国度抱有憧憬的他认为，在这样的国家里一定生长
着雄伟华丽的佛教艺术。当他途经印尼的爪哇岛，亲临婆
罗浮屠寺院时，眼里除了自己憧憬的幻灭，再无其他。于
是我便询问，你眼中的佛塔建筑如何呢？因为缅甸被称为
佛塔之国，一座座颇具盛名的佛塔的表面贴满金箔，圆锥
形状的佛塔在烈日的照射下，璀璨夺目，十分震撼。尤其
是佛塔那看似将大钟扣在顶部的造型，对于门外汉的我来
说别有一番风味。可是伊原先生却这样说道：说得极端一
些，那不过就是类似孩童将一个物体不断堆高的过程一样
的、很朴素的造型罢了，这样外行的作品中，并未花大功
夫、深究造型之美吧。经他的此番解读，我也认同了他的
观点。

佛塔在英文中被称为"pagoda"，日语中佛塔一词也
借鉴了此发音[2]。在介绍日本的英文书籍中，当介绍到日
本的五重塔[3]时，果然还是被翻译成了"pagoda"。缅甸
的佛塔是圆锥形的，从印度流传而来，据说是来源于头

1◎伊原宇三郎：日本著名美术家，西洋画家。
2◎日语中佛塔"パゴダ"是从英语读音翻译过来的。
3◎五重塔：指的是阁楼式、有五层屋顶的塔形建筑。

陀[4]将钵倒扣时的形状，所以将佛塔的这个部位称为"覆钵"。在锡兰一带[5]，佛塔被称为"dagoda"；梵语称其为"窣堵坡"，即安放供养释迦遗骨的纳骨堂。据说是由梵语的发音过渡到"dagoda"，最终演变成了英语中的"pagoda"。再看缅甸的佛塔，大致分为两种：一种是纳骨堂，也叫舍利塔；还有一种便是上文提到大钟形状的了。缅甸人将其称为"窣堵"，泰国则称其为"chadi"。仰光著名的瑞光大金塔下，据说使用了释迦牟尼佛祖的遗物做地基，这座佛塔原本是佛祖的舍利塔，后来逐渐成了堆积金银财宝的宝塔，据说倾尽财富用于建设这座佛塔是缅甸人终生的愿望。话说回来，"塔"还有一种类型，那便是金字塔形状的塔，用来供奉木乃伊。由于外部形状相似，所以当时的英国人无法分辨，于是把金字塔也称为"pagoda"。

　　日本的五重塔，就是佛塔。印度式佛塔经过古代中国流传而来，之后日本本土则借此创造出了造型独特的五重塔。另一方面，缅甸的佛塔并非由专业的艺术家打造，相比之下日本的佛塔不仅独特，且具有无与伦比的建筑之美。这不仅是造型文化的问题，日本人对佛塔赋予了更加深远的文化韵味。方才我说了，缅甸当地的文化及其本质与本

4○头陀：意为"抖擞"（抖擞烦恼）。佛教苦行之一。文中指托钵行脚乞食的僧人。

5○如今的斯里兰卡一带。

质时代的日本有着根本上的不同，而当我眺望缅甸佛塔时，我就愈发觉得我的这一观点是正确的。话虽如此，将二者拿来比较并下定论，对双方都是不妥当且缺乏谨慎态度的，一方面我的内心如是反省着，另一方面又希望读者们能够体谅，让我按照这个思路将这个未完的话题继续下去。

前文我提到了关于日本佛像的内容——"即便是放在自家用于供奉的佛像，尽管是某个不知名的法师所做、谈不上有着什么雕刻美感的佛像，但也给人以体面的印象，令人不由得产生敬畏和虔诚的心情"——这又是怎么一回事呢？仅用一句话来概括的话，那便是传统所造成的。同样是佛塔，在日本独特文化的环境下，便建造出了庄重而精美的五重塔，这是由日本的传统文化所导致的。传统文化渗透到了每一个人的情感当中，包括制作佛像的无名法师们亦是一脉相承，即便是没有刻意加以雕刻之美的佛像，也有着让人们自然而然膜拜的美丽与力量。所以当我们看到"儿戏般"的缅甸佛像时，内心感到失望和幻灭，正是因为我们并没有受到缅甸传统文化的影响。

另外还有一个点需要注意，佛像原本是人类信仰的对象，拜佛本身并不是源于对雕刻艺术的喜爱。尽管我身为佛教信徒，却动不动就将佛像作为雕刻艺术品，当作了鉴赏对象，也有的人是在欣赏一番之后，才双手合十地去膜拜。缅甸人参拜的佛像，在我们的"鉴赏"之下并无美的价值，然而他们依旧对佛像怀抱虔诚的信仰，缅甸人这般

严肃的做法，正是告诉了我们佛像原本的意义是参拜，而
并不是用来欣赏的。借此，亦引发了我对潜藏在近代文明
中的问题的思考。

第二辑 ※ 蝉时雨

自由而又不受到拘束的东西里。

凭着站不住脚的感觉去揣测，反倒会失去创作的自由度。真正的美由度。真正的美好，只存在于那些

杂器之美——
柳宗悦

不论是何种机械之力，
在人的双手面前，
都会显得局促。

序

　　尽管知识匮乏，生活贫困，他依旧坚持做一个笃定的、平凡的信徒。但究竟以何为信仰，为什么要坚持信仰，却很难充分地描述清楚。从他那些朴素的言语中，可以看出经过丰富的个人生涯与体验之后，获得的某种闪闪发光的生命智慧。他的手中空无一物，可是他却能够牢牢握住信仰的真髓。即使他不去费力寻找，神明也会伴随他的左右。所以他的身上蕴藏着极大的定力。

　　我所述的这些，通过眼前的这一个盘子充分地表现了出来。这不过是一只朴实无华的盘子，甚至有的人不以为然，将其当作一件差劲的作品。既无奢华的风情，也未经过浓妆重彩的打点。作者是谁、创作动机为何，这些都无法考证。就如同信徒们口中反复地呼唤着佛祖的名字一般，他一遍又一遍地转动着陶工旋盘。他总是在陶器上描绘出相同的图案，为陶器涂上一样的釉彩。美为何物，陶艺为何物，在他心中不一定存有思考这些问题的智慧吧。但即使一无所知，他手上的动作依旧连贯不断。人们总说，佛的名字唤多了，便化作了佛的声音，那么也可以认为陶工的手已经不属于自己，而是化作了自然之力。即便他不去钻研什么是美，自然之美也会出现并守护着他的作品。他已然忘乎了所有，就像信徒起初无心的皈依到后来的信仰笃定一样，他所制作的陶器本身就会涌现出魅力。故而我不厌其烦地眺望着这只盘子。

一

提起"杂器之美"，也许有的人会说这不过是故作玄虚，或者被认为之所以要去称赞杂器，不过是故意地离经叛道罢了。所以为了避免产生误会，我必须在正式叙述之前增加几条批注。首先，这里所说的"杂器"，指的是普罗大众所使用的器具。由于日常生活之中人人都使用，所以也可以将其称为"民具"。我指的正是那些极其普通的，不论是谁都买得起，都能接触得到的用具。只需支付很少的金钱，不论何时何地，都能简单地入手。我说的正是人们口中的"生活中的东西""日常用品""小工具"之类的物品。我说的不是用来装潢房间的装饰品，而是那些被放置在厨房里、散乱在客厅里的各类物件。可以是一个盘子、一个小盆，也可以是一个衣柜、一件衣服等家庭和生活所使用的东西，这些东西都是生活的必需品，人们对它们很是熟悉，其中绝无任何稀有和罕见的东西。

二

　　想来很不可思议——明明是天天都见得到的东西，却
一直被人们所忽视。也许是因为人们只不过把它们当作了
一件粗俗平凡的物品吧。它们与"美丽"一词似乎沾不上
半点关系。就连那些钻研工艺品历史的历史学家们，都不
会把它们放在眼里。是时候将大家身边的这些人人都熟知
的东西重新拾起来了！我坚信，它们一定会谱写一段美丽
的篇章，载入历史。也许很多人会认为这样的想法有些奇
怪，但杂器所散发出的光辉一定会很快打消这些人心中的
疑虑。

　　那究竟是什么原因导致杂器之美一直被忽视呢？正如
人们所说，身处花园则不闻花香——由于长时间处在一个
熟悉的环境中，所以不知不觉间就忽视了。每当人们深陷
某种习惯之中，就会失去自省的意识，并且丧失对生活的
感激之心。而蕴藏在那些平凡事物中的美丽，就需要很长
的岁月才会被人们所发掘。对此我们并不能加以责怪，因
为在过去的那段岁月里，人们处于生产和忙于生活的阶段，
而非对生活加以思索和反省的时期，人的认知与时代的发
展是有着一定间隔的。所谓的历史其实就是人们对过去的
追忆，而批判的对象亦只存在于过去。

　　如今时代飞速发展，逐渐步入转折期。没有任何一个
时代像今天这般，所有东西都飞速地被淘汰，时间、心灵

和事物顷刻间便流向历史。过去的陈规已经被改写，眼前
的一切不断地更新向前。不论是展望未来还是回顾过去，
对现在的我们来说都是一样的新鲜。过去的世界现在看来
也会觉得奇妙无比。在人们的眼中，一切事物都是如此地
令人印象深刻。就像面对着一面被擦拭过的镜子，镜子里
看起来是如此新奇，善恶有分，谎言在它的面前无处遁形。
是时候去区分美与丑了，当下是批判的时代，也是意识觉
醒的时代，好的评判者是时代之幸，我们绝不能错失时代
所赋予我们的这个良机。

　　在尘封已久的角落里，即将诞生一个美丽的新世界。
这是一个人们每天都在接触，但却一直视而不见的世界。
所以我必须讲述杂器之美，通过杂器的美也定能学到些什
么吧。

三

　　每天都要被人使用的器具，必须得能够耐得住现实
的磨砺和考验。而那些脆弱的、华丽的、深刻的东西，在
实用方面则毫无用武之地。只有那些厚重的、坚固且健
全的东西才能够匹配日常生活中的需求。也就是说，生
活中的器具必须要能够耐得住使用中的磨损，能熬过炎
炎夏日及严酷寒冬才行。比起那些脆弱或华丽的东西，
更需要器具本身具备强硬而正直的品质，不论使用者是

何身份、怎么去使用它，都能应对自如。虚伪和佯装会遭到唾弃，因为它们总是在经历着千锤百炼般的考验。唯有品德正直，才能成为好的器具。工艺品艺术之于杂器也是丝毫不适用的，因为这是一个讲究实用的世界，脱离了现实一切都不存在了。杂器产生的初衷是为人类服务，但假如只是单纯地把杂器当作一件物品来看待，也是不可取的。物中也有心。坚忍不拔、精神健全且正直诚实……这些不都是物品身上所具备的品德吗？器具融入人们的生活，而上天也一定会对认真生活的对象赐予福运。好看又好用的东西，不会与世界背道而驰。"物心合一"指的就是这样吧。

杂器总是兢兢业业，外表贫寒，生活得十分谨慎，它们似乎也很满意这样的生活。杂器朝气蓬勃地迎接每一个清晨和傍晚。在人们不加留意的地方，被人们肆意地使用，自己却内心简朴而平静。这难道不是一种不为外界所动的美丽吗？杂器心思缜密，哪怕只是轻轻触碰一下，它的美丽都会引人入胜，使人感动得颤抖。不论遭受外界多么强烈的打击，它都岿然不动，这难道不也是一种美吗？并且，杂器之美是日渐剧增的。脱离了实用功能的器具便不再美丽。最后，人与器具，是约定好了的主与仆的关系，器具为人所用，则越来越美；反过来，主人也会随着不断地使用而加深对器具的怜爱。

人没了器具便无法生活，器具是每日生活的伴侣，是辅助人们生活的忠实伙伴，所有人都靠着它们度过每一天。这样的器具们身上散发出一种诚实的美，洋溢着谦虚而低调的品格。在眼下这个美好事物转瞬即逝的年代，杂器为我们展示了自然和健康之美，实在是既幸运又令人感到欣喜。

四

你看放在那里的杂器，既不出彩也不加修饰。有的只是至纯的造型，两三个图案，以及朴素的制作方法。杂器们不夸耀自己的才能，更没有奢华的气度。个性鲜明、气质庄严……这些表现方式都与杂器无缘。它们既不会向外界发起挑战，也不会高调地张扬自我，总是一副平稳而安静的姿态。有时甚至能够看到工匠略显木讷的初心，以及腼腆而紧张的面庞。杂器不会强制人们去欣赏它的美，今天我在这里讲述它的美好，其中要数那些谨言慎行的作品最令我倾慕。

杂器之中很多诞生于不知名的乡野田间，也有的诞生于城市背巷中堆满尘土、光线昏暗的工坊中。它们都出自一双双使用笨重工具的贫苦人民的手，甚至连原材料也十分粗糙。它们被放在狭小的店铺中，或者被摆放在路边的席子上出售，买主们将它们带回，放置于杂乱的房间中。但反观杂器的内涵却令人十分吃惊——这些看起来破烂的环境因素，都是在守护着杂器之美啊。这是如同信仰一般的东西，宗教追求贫贱不移，智者戒骄戒躁。所以看似朴素的杂器之中，其实蕴含了令人震撼的能量与美丽。

制作杂器的工匠们无欲无求。制作的初衷原本就是奉献，而非为了功成名就。正如其他的劳动者们一样，辛勤劳作而不求名利。所以工匠们不会在杂器上刻上自己的姓名，所有的作品都是无名之作。无欲无求的内心世界，净化了杂器之美。几乎所有的工匠都没有刻意地学习相关理论知识，也不曾考虑制作原理，更不会考虑要如何去创造美。他们仅仅是将传统继承下来，沿袭上一辈的做法，不假思索地去完成一件又一件作品，这一系列过程都是不需要那些所谓理论的东西的，作品中也谈不上有任何感伤情绪。所以，杂器之美，也是无心之美。

因为是无名之作，所以我们无法考证创作者的历史。但可以肯定的是，创作者并非优异的个人，而是被称为凡夫俗子的人，来自芸芸众生之中。普通民众创造出来器具之美，象征着在过去的年代里，美原本是属于大众所共同拥有的东西，而非个人所有。我们借以民族之名、时代之名，必须纪念这了不起的劳动成果。芸芸众生即便不是满腹经纶，也能用双手创造出一个美丽的世界。再看看当下这个社会，个人被放大，时代变得沉沦，相比之下，在过去人们总是顺应时代的发展，将自我隐匿在时代的潮流之下。

美并不是来源于一个小小的个人，而是经过众多创作者之手而熠熠生辉。而杂器则正是民艺的代表。

五

工艺品，最应当花心思的是素材。好的工艺依附于好的自然条件，大自然为我们带来丰富多样的物质和原料。比起说器具挑选原材料，倒不如说是原材料塑造了器具才更为恰当。所谓的民艺，指的不正是当地的乡土风情吗？当地的原材料，促进了民艺的产生和发展。人们向大自然母亲索取物质。风土人情、素材、制作，三者缺一不可，密不可分。当三者融为一体之时，方显诚实正直，这是因为有大自然作为其坚强的后盾。

倘若原料缺失的话，那索性就将工坊关闭了吧，勉强地使用不对版的原材料，所做之器定会受到大自然的责备。再者，假如无法就地取材的话，那么终究是无法制作出大量的、低价的、牢实的东西的。每一件器具的背后，都蕴藏着当地的气候、地质以及各种物质原料的特征。乡土的气息和地方的特色为工艺品增添了多样化的元素，增添了别样的韵味。顺应天然之物，必会享受自然之爱戴。当缺乏这个必要条件之时，器具本身也会失去力量，黯淡无光。杂器身上所能看到的丰富的材质，正是取自大自然的馈赠。每当眺望杂器之美，人们总能看到大自然的本源所在。

不单单如此，可以说器具的形态、花纹和原料皆受到
了大自然的感召，它们之间有着必然的缘分。人们常说，
好的化妆不是锦上添花，而是顺其自然。所以我们不能把
原材料仅仅当作是一种物质，因为原材料正是自然本身意
志的体现。这里所说的大自然之意志，引领着人们创造出
器具的形状和花纹，如果与大自然之意背道而驰，便不能
做出好的器具。也就是说，好的工匠不能苛求自然以外的
东西，不能逃离自然本身的欲望和意志。

这是一则非常好的教义。当人们自觉自己是上帝之子
时，他们会被信仰的火焰缭绕。同样地，当人们自觉自己
是自然之子时，他们会被自然之美所装点。这就是被大自
然一直以来所呵护的美。越靠近母亲的怀抱，越能感受到
温存的美感。所以，我必须要将这则教义投射到杂器中，
去寻找它们身上的自然之美。

六

人们日常使用的器具，鲜有新奇之物，街头巷尾随时
可见它们的身影。即使被损坏了，也会立即用新的补上，
所以杂器的产量很大，且价格低廉。表面看来这不过是数
量上占了优势罢了，可是仔细一想，这个事实也恰好为杂
器的工艺之美铺垫了一个关键的因素。也许有的人担忧数

量太多会导致东西的品质下降，但假如没有了这个条件，杂器之美便也无从谈起。

熟能生巧。大量的需求引来了大量的生产，多数的产品都需要无限地、反反复复地生产一批又一批。在这个过程中，工匠们的技术也愈发熟练，接近完美。尤其是一些需要分工生产的环节中，某项技能受到千锤百炼的锻炼，工匠的整个创作生涯中几乎一直重复地描绘着相同的形态、相同的图案，单调无比。故而那些技艺精湛的人内心空无一物，他们所拥有的技术，已经超越了他们内心的意识，回归平常心。他们早已忘乎那些刻意的努力，他们一边欢笑畅聊，一边做着手上的动作。其制作速度之快，令人惊艳。不，应该说假如速度跟不上的话，就挣不够一日的口粮。成千上万次的重复，他们的双手早已获得了全面的自由，所有的作品也从这份自由中诞生出来。我怀着雀跃的心情，观赏着这了不起的创作结晶。工匠们将自己的一切都交给了双手，没有一丝的怀疑，坚定无比。你看那令人震撼的笔触，外形的巧妙，以及那自然奔放的气质。自然之美就这样应运而生。所以，大量的制作，一定会为人们带来美丽的作品，这正是这些器具的宿命啊。

那些制作工艺成熟的作品，被叫作杂器的东西，它们的背后堆积了太多常年的汗水和辛劳，累积了太多通过反复制作而积淀下来的技术，还有工匠们自如的境界。与其说经过人手制作出了杂器，还不如说是大自然孕育了它们。请你们看看这叫作"马眼"的碟子吧，不论是怎样的画家，都不能够轻易自如地画出这些看似简单的漩涡吧，这样的事实十分惊奇，令人感动。将来一切生产都被机械化替代之后，也许人们会更加惊叹"过去"的人们所创造出来的这些奇迹吧。

七

民艺是手工的产物。除去神明，还有比双手更加伟大的创造者吗？动人的美丽，在自如的动作中被创造了出来。不论是何种机械之力，在人的双手面前，都会显得局促。双手是自然赋予人们最好的工具。假如背叛了这份难得的惠赠，是不能创造出美丽的。

然而不幸的是，由于经济的发展，如今几乎所有的东西都交由机械化生产。机械化生产中也诞生了某种美，我们也不应当一概地去忌讳和厌恶，但那样的美是有局限性的。人们不应当毫无节制地依赖机器，否则"美"就会止步于各种条条框框之中，变成一种闭塞的、被提前规定好了的"美"。机器逐渐支配起人类，机器制作出的东西既无温度，又显得浅薄，温暖的味道和温润的气质都依托于人的双手。人的双手创造了雅致，为容器的生命力带来了变革，刀片的削痕、笔触的运用、雕琢工艺、上色……这一系列环节，都是机器无法企及的吧。机器只知道墨守成规，却无法进行创作活动。倘若继续这样下去，最终机器一定会夺走人类劳作之自由，劳动之喜悦。而在过去，人类才是工具的主人，只有当主次关系摆正，美丽才能够被升华。

在手工艺即将消亡的当下，祖先们亲手制作的杂器，才是最宝贵的遗产。民艺等同于手工艺的时期，也即将成为历史。尽管我明白时代的前进有着太多的难言之隐，但手工艺的复兴依旧受到了阻挠。假如今日放任这股不合理的势力不管，只恐怕手工艺一旦被废除，便不会再次绽放光彩了吧。只有少数坚守传统的地区，如今仍然在手工艺的道路上前进着，可以说仅仅是靠着少数人的努力，在维系着手工艺的生命。尽管如此，还是有很多人倡议"重新回到手工时代"，呼声此起彼伏。因为只有在手工艺中，才能看到最丰富的样式，最自如的劳动形式，以及最传统的美丽。以手工制作为特色的民艺作品，也一定会再次受到人们的喜爱。——即便历史倾塌，传统之美依然挺立，随着时间的流逝，光辉与日俱增。

八

世界初始之际，创作之心与所做之物，采用的所有制法都是极其纯粹的。这份纯粹便是人们所需要的器具的本性。这里不可以将"纯粹"二字换作"粗野"，正因为"纯粹"的存在，器具的美丽才得到了保障。敢问那些能够称得上是艺术品的东西，哪一件缺少了纯粹的品质呢？再者，杂乱无章的背景中，真的能够创造出美丽的作品吗？——离开了单纯的品质，美便不复存在了。虽然这些器具被人们称作杂器，但只有在这些杂器单纯无瑕的姿态中，才能看见美丽的本源。想要学习艺术法则的人们，应该到这个众人皆知的平凡世界中来啊。

　　人自己领悟到的东西绝不会妨碍其他人，正如这些委身于自然的作品一样生活在自由的空间里。一个好的手工作品背后，不存在任何的规矩和条款。将心灵托付给作品，顺其自然，信步前行。各式各样的造型、颜色和花纹都在创作者的面前绽放开来，要选择哪一个皆为自由，绝无任何规矩的阻拦。甚至连最终要创造出何种美丽的形态，抑或是创作主题的范围，都不会受到任何拘束，这样的作品一定不会误入歧途。工匠们并非一时兴起，而是受到了自然的嘱托，将大自然的自由之美创作了出来。

　　而这份自由，正是创造之根源所在。在杂器身上观察到的那些极其丰富的类目和变化，忠实地向人们阐述了这个道理。作品本身的变化多端，并不是靠人工所雕琢出来的。刻意而为之，反倒会成为限制作品的牢笼。只有把一切交给自然，才能展开一场伟大的创造。人类刻意而为之的技巧，终究无法获得自由奔放的气质，无法走入变化多端的世界。在这个过程中，没有任何多余浪费的循环往复，也没有仿制和造作，有的只是时看时新、充满新鲜变化的世界。

　　请看看这叫作"猪口"[1]的酒杯吧。体积虽小，表面上的花纹和图案变化多端，要是数起来，恐怕有数百种样式吧。你看那笔触的精妙，无人能驳；那些看似寻常的条纹，甚至都很难找出一对完全相同的作品。所以，民艺为我们创造出了一片广阔而自由的天地，这实在令人惊叹。

九

　　人们总是不太珍惜日常生活中的各种用品，所以历史留给我们的文物中生活用品的数量很少。那些被留存下来的东西，种类也很匮乏。日本的工艺品在最近的两三个世纪才变得丰富多彩起来。除了漆器、木制品之外，还有金属工艺品、织染布和陶瓷器具等等，这些东西被用于生活的方方面面。杂器大放异彩的时期逐渐退去，明治时代中期开始，手工艺也开始衰落。在一些偏远地区，手工制作的传统工艺以及作品的样式留存了下来，但这些保有传统风格的东西依然很少。如今被保存下来的杂器，大部分是

1⊙猪口：日语名称，指陶制的小酒杯。

江户时代的东西，种类众多，数量也不少。

江户时代是庶民文化的天下，文学、绘画大致如此。保存下来的杂器，也显示出了一部分当时由大众所守护的优良文化。一眼望去，杂器的形象并不像浮世绘那般叙事宏大，能够刻画出市井文化中的细节部分。杂器仅仅只是保持着朴素而实在的乡土风情，即使姿态不够优美，它们也依旧是生活中忠实的伴侣。每日与杂器一同生活，亲切感与日俱增，有了它们陪伴左右，才能够感受得到家的舒适。

粗略看来，美的历史走在下坡路上，能够与过去相提并论的新作品少之又少吧。随着时代审美的不断下沉，徒增了许多无用的制作技巧与烦扰。手工艺不堪时代的重负，逐渐失去了生机。现代的工艺品看上去也许十分精巧秀丽，但却抹杀了那些单纯的美，忽略了美的本质。原本对自然的信赖，被刻意施加的工序所替代，工艺品之美也开始走向凋零。在这段可悲可叹的历史进程中，杂器等类则出淤泥而不染。因为杂器一直被置于美术圈之外，所以并没有受到"病原"的侵染，创作杂器的工匠也不必受到时下审美意识的叨扰。假如人们最终想要追寻健全之美的话，那一定要走入杂器的领域里来。杂器的外表也许略显寒酸，但可以肯定的是，不论你与其中的谁为伍，这份真实的存在感都不会被外界所打破。现在你试着挑选一只陶器吧，请仔细看看它的各个方面，就茶杯杯座的硬度来说，

能与中国和朝鲜相比的，也只有杂器了吧。杂器的世界里
见不到脆弱，不，应该说脆弱的东西耐不住生活每一日的
打磨啊。

十

　　杂器的力量不止于此，杂器还是日本的固有形象的
象征。尽管绘画和雕刻方面，也有一些能够代表日本之
荣誉的作品，但大体看来，很少有作品可以从中国的遗
风中脱离出来，或者远离朝鲜方面的影响，那些作品本
身缺乏与之抗衡的力量，作品的深度也不够。在伟大的
中国和优雅的朝鲜面前，我们还不能自信地拿出属于自
己的艺术。

　　但将目光投向杂器的领域，一切就不同了。杂器的世
界中，孕育着一个独特的日本。在杂器身上能看到充分的
真诚、自由以及独创性。这不是什么仿造品，也没有随波
逐流。在世界的面前，可以断言通过杂器能够看到整个日
本。杂器身上有着故土的自然风情，同时兼具感性与理性，
这一切都透过杂器准确无误地表露了出来，实在是非常别
具一格。人们口中的"杂器"象征着独特的日本之美，而
人们却羞于将这个事实表达出来——这样的想法是行不通
的。所有的日本大众都可以将杂器当作自己的骄傲，与杂
器为友的每一日，都应该心怀喜悦。这份荣誉并不属于个

人，而是属于整个民族。还有什么东西能够比民艺所展现出的日本之美更加强劲有力呢？假如普通民众生活中美的基础不牢固的话，大家也许会陷入慌乱之中，失去精神的寄托吧。所以，即便是为了日本民族的荣誉，我们也必须要将尘土之下的杂器再次发扬光大。

十一

你看眼前的这些东西：没学问的工匠所制作的东西、从遥远的乡下运来的东西、过去的大众曾使用的东西、被称为"下等之物"并作日常杂用的东西、放置在光线昏暗的房间中的物品，还有那些毫无光彩、外表贫寒、质朴无华的东西，数量众多且价格低廉的东西……这些看似低级的东西中蕴含着高雅的美丽，这是为什么呢？接下来，你看那内心纯洁无瑕的婴童、内心空无一物的人、不夸耀自己博学之人、谨言慎行之人、乐道清贫的人们……神往往赐福于这些人，这又是多么不可思议的一条真理啊。方才所说到的那些"下等之物"，不也正活灵活现地证明了这个道理吗？

这些下等之物终其一生服务大众，为了日常的使用奉献自我，毫无疲倦地在现实世界中劳作着，健康而满足地度过每一天，以为人们的生活带来幸福为己任，走完谨慎而仔细的一生……这些东西被美神拥抱在怀，这难道不是

一个值得惊叹的事实吗？并且，当长时间被人们使用，磕
磕碰碰发生损伤的时候，总会感觉到它们身上的美似乎又
增添了几分，这也是某种天意吧。有信仰的人生，也是牺
牲和奉献自我的人生。为神明奉献，为他人奉献，信徒们
那忘我而虔诚的姿态，不正是杂器侍奉主人时的样子吗？
杂器属于现实，而它的美又高于现实，美得鲜明而亮丽，
这实在是一个精妙无比的搭配啊。

　　不刻意而为之的美，对自我无私心的事物，不沽名钓
誉，一切顺其自然的东西，还有那些自然地降生到世上的
东西……这些事物总是异常地美丽，这又是多么深刻的内
涵啊。这与一切以神的名义行事的虔诚教徒一样，与他们
内心世界的本质是相似的。只有在被人们叫作"精神贫瘠
之物""卑微的东西""杂器"的这些东西身上，才能够找
到幸福感，才能看到闪烁的光芒，整个天地之美丽，均早
已被它们收入囊中。

后记

　　在过去的年代里，杂器之美首次被认同，是来源于初
代的茶人[2]，他们有着独到的眼光。人们大概已经忘记了
吧，如今被掷以万金的所谓"名器"的茶具，其中的很多

---

2 ◎ 茶人：指爱好茶道或者精通茶道之人。

不过就是当时的杂器而已。如此自然、奔放的雅致风格，非杂器莫属。倘若不是杂器，则绝不会被冠以"名器"之称。人们仔细审视这只井户茶碗[3]，声称有七大美丽之处。之后人们便将此作为美丽的标准。但假如作者听到这些的话，一定会感到非常疑惑吧。所以后来按照这个标准所制作的那些仿制品身上毫无可取之处，也是理所当然的结果。这是因为创作活动已经脱离了杂器的本心，沦为了一个精雕细琢的美术品罢了。人们绝不可忘记，那看似深沉而晦涩的茶具，是不矫揉造作的杂器啊。

　　如今当人们要建造一间茶室，大家会根据自家的风格，并增添几分风雅的韵味。但我依旧喜欢美丽无比的乡间小舍。茶室原本是品味清贫之美德的空间，如今的茶室极尽奢华，可以说是这末法时代的过失了。茶道的真正含义已经被大家抛诸脑后。茶道原本是平凡的美，清贫的美啊。

　　另外，史学家们大肆称赞那几个固定的名器，而关于其他的杂器，却不置可否，似乎他们以为再无他物了吧。但茶碗不过是沏茶过程中成堆的器具中的一种而已。盘踞美之宝座的其他器具，茶碗的兄弟姐妹们仍旧被深埋于尘土之下。所以史学家们不认可杂器之美，大概是因为他们并不知道这种美丽的存在吧。

---

3 ○井户茶碗：高丽茶碗的代表作，是朝鲜渔民吃饭用的粗糙的饭碗。

假如可以的话，我想在乡间寻觅一处已经被人们所遗
忘的房子，拿起一只覆满尘土的杂器，重新沏一杯茶。只
有这样，才能回到最初的原点，才能与初代的茶人们敞开
心扉，自如交谈啊。

装帧的意义——
萩原朔太郎

真正的装帧，
应该全权交给读者的自由意志啊。

　　装帧对于书籍的意义，与画框和装裱之于绘画的意义
相同，是艺术上的一条清晰的延长线。装裱画框的工匠面
对艺术家描绘的画面，给予了十分立体的透视角度，反映
出适度的明暗对比，画框使得画作得以从空间中独立出来，
为画作添了几分平静，所以不论对于什么样的画家来说，
画框都是不可忽略的存在。以此类比装帧之于书籍——基
于书籍本身的内容和思想，以装帧师的偏好将其呈现出来，
选择不同的色调、阴影、纸质、风格等，通过这些暗示，为
感觉敏锐的读者们带去与作者的思想和感情相关联的直观
感受。富有责任心和智慧的文学家们，绝不会冷落了装帧
的存在。

　　话虽如此，书籍的装帧却往往不能获得我们文学家的
满意。这是因为为书籍制作装帧的通常都不是我们自己。
我们所能做的，不过是从其他装帧师的作品中，选出用哪
个书皮、用哪个封面罢了。有时候甚至连这个选择的过程
都有着很多难处，最终导致文学家们很难感到满意。也就
是说，艺术品的装裱虽然是作品的一部分，但却并不是艺
术家本人的意志，大多数时候，装裱都是由他人完成的。

这是一个很有趣的事实——装裱是他人品位所造就的东西，所以美术品和文学书籍的装帧，都十分具有哲学含义。比如，不论画家是谁，一旦我拥有了这幅油画，我便可以根据自己的喜好，自由地为油画选择画框，也就是说我可以自由地诠释艺术，去凝视这幅作品。

类比其他事物亦是如此。同样的音乐、同样的一首抒情诗、同一个宗教，都存在着不同的解释。所有的艺术和宗教，都会在不同的观众和信徒身上发生不同的投射。比如日莲圣人和亲鸾圣人有着不同的个性，于是他们对释迦牟尼做出了不同的解读[1]。再来看我们，我们也从自我的个性出发，挖掘出不同角度的歌德与肖邦，每个人都能够讲述出自己的不同感受。所以魏保罗传播的耶稣教，说到底其实是魏保罗自我认知中的耶稣教，他所创办的真耶稣教会与耶稣本人提出的教义恐怕是不大相同的吧。同样的道理，我对雪舟[2]作品的鉴赏，与别人眼中所看到的雪舟，也一定存有区别。总之，话说回来，一件作品的装帧和装裱，当然可以根据自身喜好来进行甄选，想必在雪舟看来，他人做的装帧必定是达不到他内心所期盼的标准吧。

因此，出于对作家的尊重和对读者的爱护，西方诸国的出版行业会将稍显高尚的文学作品以简易装帧版本的形

-----

1 ◎ 日莲圣人为日本佛教日莲宗创始人，亲鸾圣人为净土真宗建立人。
2 ◎ 雪舟：日本室町时代水墨画画家，广泛取法于中国唐宋元的绘画。

式出版（例如法国黄色封面的书籍），难道不就应该这样做吗？选取一个作家所属民族的代表色作为封面，借此表明作家的身份，除此之外，不增添任何其他偏好。真正的装帧，应该全权交给读者的自由意志啊。只有这样，读者才能找到契合自己内心的"作家"，并且凭借着自己的品位，自由地为作品完成装帧，难道不能说，只有这样书籍才算是真正在读者的生活中"活"了过来吗？作品的装帧随着每个人的价值观而发生改变，于是不同读者眼中的作品——时而深邃，时而浅显；读者与作品的距离——时近，时远。

和纸之美——

柳宗悦

纸中本蕴含着温柔的性情，
无心之人也许并不曾留意，
但只要你走近它，
便会感受到一段与它难舍难分的羁绊。

　　说起来和纸不过是一种材料罢了，但不知为何，牢牢
地吸引了我。手抄和纸[1]总是充满了魅力。每当我眺望它，
抚摸它，总能感到无以名状的满足。因为它过分美丽，所
以不想将其大材小用。倘若不是名家的笔触，便会玷污了
和纸一般，和纸就是如此地高贵。薄薄的纸张竟如斯令人
感怀，实在是不可思议。它朴素无瑕，美丽内藏其中。好
的纸张会带给人美好的梦境，我想象着纸的性格，幻想着
它的命运将何去何从。

　　我总是习惯于思考：美究竟是从何处散发出来的
呢？——是质感之美啊。我认为这种想法无可厚非，在原
本就优良的质地之上，加以手抄的工序，便转变成为品质
上乘的纸张。那么何谓质地呢？质地，是从上天的惠赠中
渗透而出的美丽。这样想来，谜便解开了。

　　手抄纸为何会赋予纸张温度，为何我总说纸张的颜色
就是自然的本色，为何在太阳底下晾晒过的纸张更有味道，
为什么放在木板上晒干会更好，以及为什么冬季的水更利

1◎抄纸为和纸制作中的一个工序。

于保护纸张的质地，为什么带有毛边的纸张别有韵味……这些疑问的答案都是很明了的，这些当然都是大自然的惠赠和通过纸所折射出来的温情啊。大自然不隐藏自己的深情，将其无私地展现出来。正因为能让人感受到大自然的力量，所以和纸才会美丽。这样考虑的话，便能够理解手抄和纸究竟美在哪里了。

　　纸的眼中并无"自我"，所以它对这个世界不会带有任何的仇恨。纸中本蕴含着温柔的性情，无心之人也许并不曾留意，但只要你走近它，便会感受到一段与它难舍难分的羁绊。有时我将我喜爱的和纸展示给世人，给人带去愉悦，相应地人们也会对和纸刮目相看。好的纸会吸引人们的怜爱，之后人们也因和纸加深了对自然的尊敬、对美的热爱。另外，在和纸的身上也能遇见日本之美，去世界上的其他国家，都无法体会到这样的韵味。在和纸的衬托之下，日本愈发美丽了，所以身在日本，绝对不能忽视和纸的存在。

　　反观纸张的使用量，也能用来丈量人类的文明程度。但比起纸的数量，我更想强调纸的质量，因为质量才更能体现出人心胸宽广的程度啊。质量恶劣的纸张与好的文化是无缘的，身边的这些纸张，尤其是日常生活中常见的信笺、书籍著作等所选用的纸张，可以窥见国民的日常生活。轻视纸张之人，必定也留不住美。

　　如今的纸走向了两个极端，或极其粗糙，或无限美丽。

挑选什么样的纸则取决于即将拥有纸的主人如何，不应当将物品和主人分开来看待，主人必须是一个会善待物品的人才行。

可惜现在的人对纸张的态度很是恶劣，这是源于如今的纸张本就粗糙，不会引起人们的怜爱。也许还有一部分人由于逐渐放弃寻觅良纸的动力，所以便随波逐流。这般与纸张保持疏离的生活，终究能感到幸福和满足吗？对于糟蹋东西的人，我尽量远离，不论是道德方面还是审美方面，都是我所不希望看到的。而糟蹋东西这种行为，正是源于对生活缺乏感恩之心啊。

究竟是什么造成了今天这样不幸的局面呢——大概是因为和纸的衰退，加之外国的造纸技术也在大肆发展吧。纯正的和式造纸怎么看都不会显得丑陋，但在有的人眼中它却是已经过时的存在，从而着急去改良它。这样的做法带来的结果便是大大削减了和纸的质感，如今生产出来的东西越来越不如以前，是因为背离了长久以来的传统啊。立足于传统之上方能稳固基础，所以尽管改良了历史上的制作方法，却没有得到又新又好的东西。倘若能够将传统发扬光大，那么如今的日本和纸定能立于不败之地。

所有的和纸都如此美丽，这样断言也许听起来太过绝对，但如果要我从古时候制作的和纸中找出一份丑陋的作品来，那么我会毫不犹豫地给出否定的回答，不可能找到所谓丑陋的和纸。可以说，和纸的手抄工序，一开始就向人们约定了和纸的美丽。如今看来，依据传统制法制成的手抄和纸依旧保持着那份坚定之美。任何一个细节都不允许出现瑕疵，哪怕是小如微尘的虚假，都是不可取的，承载着历史的手抄和纸绝不允许一丝谬误。所以在和纸的世界中，不存在美与丑的问题，只存在究竟谁更加美的角逐。

雁皮、纸桑和三桠是纸的三大原料，自不用说，和纸也是采用这三种原料来装点自我的。

雁皮纸最为上乘，桑皮纸和三桠纸其次，不分伯仲。要论品位、润泽度以及庄严的气质，当数雁皮纸，它仿佛具有永生的生命力。刚柔并济的气质和虚虚实实的意境，都在雁皮纸上相交，世上再没有其他纸比它更加高风亮节。桑皮纸可以被比作守护国家的男人，纤维坚韧强大，百折不损，十分耐用。正因为纸桑这种原料的存在，和纸才维系住了坚定不移的气质。假如少了纸桑，纸的世界也会变得软弱无力吧。而相比之下，三桠则是将纸柔化的女功臣，优雅无比。三桠的肌理纹路十分细小，材质柔和，生性平稳，缺了三桠的纸一定会风情减半吧。

雁皮、纸桑和三桠共同协力，守护着和纸的生命。只要按照自己的喜好再结合实物选择称心如意的纸张，不论选择哪一个都会遇见和纸之美。

溜漉和流漉是手抄纸的两种制作方法。在古代只有其一，如今则分化为以上两种制法。今天我们则可以借着细川纸[2]来品味和纸的这段历史。溜漉于静中求成，流漉则需要翻转摆弄，二者动静结合，共同孕育出和纸的世界。溜漉指的是将纤维静止，以求积蓄纸张的厚度，水快速向下过滤，纸浆则被留在了表层，比如越前[3]鸟子纸便是用此法制作而成。

　　然而溜漉并不是日本独创的方法。和纸最惊艳的制作方法，当数流动的流漉。将竹帘排起放入模具中后，将纸浆置于上层使其流动。随着人们手上动作的变化，纤维排列整齐，互相缠绕，逐渐厚重起来。当达到制作者偏爱的厚度时，便使其脱水，一张新鲜的和纸就此诞生了。一系列的行云流水，都依托于工匠手上奇迹般的动作，没有手上的功夫，便也就没有流漉。"手抄"一词大概指的就是这个过程吧。比如仙花纸、书院纸、石州纸一类颇具盛名的和纸，便是采用了流漉之法。

　　说到这里，不得不提起和纸的功臣之一——黄蜀葵，它在和纸的制作过程中起到了非常神奇的作用。倘若缺了它，流漉便无法实现。不知道是谁先发现，这种从植物根部提取出的透明状液体，黏性很强，是最终使纸成形的重要媒介。这种神奇的液体能够使纤维漂浮在水中，纸浆流动减缓，并且让纤维互相缠绕。脱水的时候掸走灰尘，将

2◎细川纸: 以纸桑为原料制成的传统手抄和纸。

3◎越前: 旧地名，今指日本福井县一带。

竹帘拿起之后，便能够把原本重叠在一起的纸张分开。借助手上自如的动作，纸张变得美丽而坚韧。大自然带给我们的神秘之作令人眼前一亮。只有人们借助了大自然的神明之力所制作的纸张，才称得上是真正的纸。

自不用说，过去的时代已经带给人们太多精美的和纸作品。如今同样也能够继续制作出精美的和纸，将这份美丽延续下去。虽然有人说和纸已经衰败，但看看世界的其他国家，究竟哪里还有日本这样的手抄工艺呢。所以放眼未来，留给人们持续开拓的余地还很大，一定能够创造出更加优质的和纸。希望总是赋予人们勇气，在眼下的昭和年代，是否会有新的发展呢？延续传统的制法，将传统制法活用起来，我相信结果是值得期待的。只要心怀志向，就能够改写历史，起码我是坚信不疑的。

总之，我希望和纸能够再次赋予日本活力。

鸣蝉之美——
高村光太郎

将一切都化作自然的举动，
便是创造美的最高境界了。

　　我常做些以蝉为原型的木雕。尽管我对其他的一些鸟
兽虫鱼也并非没有兴趣，但仅从外部造型来看的话，这些
生物有些适合被雕刻成形，有些则不适合。昆虫中与我交
好的"朋友"甚多，蚱蜢、蟋蟀、蜻蜓、螳螂、蝉、蜘蛛等
都算是我的至交。其中，螳螂那三角形的头部尤其让我喜
爱，我甚至经常拔下自己的头发让它饱餐一顿。螳螂钟爱
人类的头发，每当我奉上自己的毛发，它们总是贪得无厌
般地大快朵颐。螳螂如此不惧怕人类的特质也是很有趣的。
但螳螂并不适合用来作为雕刻的对象，蚱蜢、蟋蟀也是如
此。再看蜻蜓，虽然种类繁多，比如派头十足的碧伟蜓，又
如娇小可人的豆娘，当然还有红蜻蜓这样个性鲜明的成员。
乍看起来这些蜻蜓似乎都很适合成为雕刻的对象，但它们
都不符合我的标准，我总觉得这些昆虫还欠缺着那么一点
将其雕刻成木的理由和契机。我越是去雕刻它们，越是感
觉到雕刻出的作品反倒折损了它们原本应有的自然的韵味，
与其将其称为雕刻作品，不如说只是成了一个玩物，抑或
可以说它不过是变成了文人们收藏的一个古董罢了。而蝉
则不同，蝉的外形与雕刻十分匹配，并且我对蝉的热爱早

在接触雕刻之前就已经生根了。

孩子们都喜爱蝉这个天生就会唱歌的"风琴"。孩童时代的我，每逢夏天来临，便会到谷中天王寺的森林里肆意奔跑，痴迷地找寻着蝉儿们的身影。先将全缘冬青的树皮剥下，用石头反复敲击，从而制成黏性很强的木胶，而后用手指蘸取木胶涂抹到竹竿的前端部位，这一连串的制作对我来说很是开心。如今每当我回想起来，却略有一丝伤感。最近我才得知，就捕蝉来说，蜘蛛网是更好的材料，因为蜘蛛网一定不会弄坏蝉的翅膀。那时的我，每当意外地发现蝉儿们就停留在低矮的树干上时，内心总免不了一阵悸动，甚至就连我现在回想起来，也依旧能够感受到当时的那份兴奋之情。

有时，我会在夏天的傍晚外出捕捉用作模型的蝉，我往往抓不到，只得向有过几面之缘的孩子们讨来一些。蝉总是用尽全力地鸣叫，仿佛是要掏光身体里所有的声音一样，它们如此地卖力，就连原本想要抓捕蝉的人看到这一幕，都不禁为之动容。当蝉鸣结束，它们便立刻扇动翅膀飞走，慌慌张张地东碰西撞，刚找到一处新的落脚点，便立马又开始纵情高歌，看到蝉这全神贯注的求爱场景，不由得感到十分同情。蝉就像被自己的鸣叫声所牵引着，纵情鸣叫的行为本身似乎已经大于鸣叫的目的。可是现实生活中，我却并没有见到过蝉成功地吸引到配偶。

在东京只能见到叽叽蝉[1]、油蝉、呜呜蝉、寒蝉、螗蝉一类，似乎见不到春蝉、熊蝉、虾夷蝉以及日本特有的吱吱蝉[2]。于是乎我在现实中能观察到的种类就更少了，春蝉和虾夷蝉我就未曾见过。前些年在热海的一棵松树尖儿上发现了熊蝉的踪迹，可惜它所处的位置太高，竿子长度不够，遂空手而归。叽叽蝉可以说是最朴素的一种蝉了，其两眼距离分开，看起来有些许呆滞。油蝉则体形更大，看起来精悍而野蛮，它十分努力，分秒不停地发出最强分贝的叫声，姿态刚健，无比专注，我很喜欢以它为原型制作木雕。至于螗蛄，甚至连翅膀都不是完全透明的，通体呈现茶褐色，相对于小巧的头部，其躯干比例偏长，很适合用来作为雕刻的对象。螗蛄的翅膀透明度恰到好处，绿色和黑色的胸腹部很是有趣，以它为原型能够制作出华丽的雕刻作品。其短小的身体上，腹部末端突然收窄，看上去十分有趣。雕刻时我会在其翅膀处撒上云母，并刷上一些银粉。再来看看寒蝉和螗蝉，就显得比较柔弱，刚抓捕到手就会夭折，它们略显奢华，姿态优美，仿佛晶莹的蓝色精灵。熊蝉又称黑蚱蝉，在蝉类昆虫中体形最大，黑绿色的外表中交织着些许橙色，翅膀强硬且呈透明状，体形看起来很不错，但由于我没有亲眼见到过，所以无法得知更多的细部特

---

1 ◎叽叽蝉: 作者以个人感觉用拟声词「ジイジイ」命名该蝉，无从考证其在生物学中的具体名称。

2 ◎吱吱蝉: チッチゼミ，日本特有品种，暂无中文译名。

征。某年五月，越后长冈悠久山的松林之中，我曾经听到了寒蝉幽远的鸣叫声，可惜却未能有幸目睹寒蝉真容。

蝉的身体有着浑然天成的统一感，这也是它之所以能成为雕刻对象的理由之一。蝉的身体细节部分固然复杂，但一双翅膀使得各个部分统一了起来，融为一体。位于头部两端的复眼稍稍向外突出，但这并不会削弱头部与胸部的整体感。蝉的胸部似盔甲般坚硬，尤其在中胸节背板的末端部分能看到十分精巧的褶皱，这样的形态之于浮雕很是契合。蝉的后腹部正好能够收入翅膀，六足长度适中，前足强而有力。鼻口所处的位置比例正好，像是在身体的正中央处悬挂了一根针，总之整体并不烦琐，毫无可以舍弃的部分。

蝉之美最精妙之处在于从侧面看它时，翅膀便化作了像山一样的线条。从头部一直延伸到胸背部，画出了一段小圆弧，翅膀上缘径直向上走去，达到一个顶点后，便再次沿着波浪向下到达低处，紧接着又是一段相同的波形。这样的形态独一无二，再找不到其他相似的生物。蝉翅上缘的波形和下缘单一的弧线形成对照，很具美感，可以说达到了极致之美。波形的比例会随着蝉种类的不同而改变，各具特色。接着换一个角度，不从侧面而是从上往下进行观察，蝉的翅膀亦十分漂亮。左右两侧的翅膀整齐划一，外廓描绘出一段清晰的曲线，向着后端缓慢地移动；内侧部分将大的波形从左右两端聚拢而来，后半部分则朝外延伸开去，最末端稍稍突出。尽管蝉从生到死外形都不会发生大的变化，但翅膀的末端部分却是个例外。活着的时候轻轻地向内侧收起，死后却呈现出向外打开的状态，个人以为稍微收起的状态更为美丽。

　　用木雕的雕工工艺来讲的话，能否将蝉翅的厚度雕琢得好，决定了其作品之情趣的高低。雕刻得过于透薄，则略显粗俗，不够雅致；雕刻得硬如钝铁，则又失去了木雕的质感。雕刻工匠靠着雕刻技法的妙处，赋予翅膀观赏价值，再借由木材的不同质地，行云流水，一气呵成。很多用金子雕刻的蝉不够雅致，便是没有考虑到这一点。假如将轻薄的蝉翅雕刻得与实物一样地薄，则看起来肤浅，欠缺考虑。反其道而行之，做出合适的厚度则更佳。这不仅局限于木雕，对所有的雕刻及其他艺术来说，这也是真理。比如感情过于流于表面的诗歌未必能够传达出感激之情，甚至会显得粗俗和愚笨；相反，平淡的表达中亦可蕴含强烈的感激之情。当然话虽如此，假如一味地、刻意地将蝉翅雕刻得极厚，则又显得笨拙，像是给蝉穿上了一件厚厚的袍子。关键在于——令观者感觉到，那便是理想的厚度。这需要拥有一定的雕刻手法以及对木材表面的掌控能力才能够实现。并且，不刻意地对雕刻这件事本身抱有执念，一切都仿佛顺理成章，翅膀的厚薄问题也就迎刃而解了。将一切都化作自然的举动，便是创造美的最高境界了。一旦达到这样的境界，雕刻家们便不再是将蝉做成木雕，而是将蝉所带来的造型之美迁移到木雕之上。可以说，雕刻家们对蝉之形态的形成原理进行了深刻的理解，并对其完成了一场近乎科学层面的研究，没有经过对细部的仔细揣摩，便不能心安理得地继续探究蝉之造型论；凭着站不住脚的感觉去揣测，反倒会失去创作的自由度。真正的美好，只存在于那些自由而又不受到拘束的东西里。

埃及人亦喜爱将圣甲虫[3]作为永生的象征，并将其雕刻为护身符，另一边，古希腊人则喜欢把蝉当作美好幸福与和平的象征，将其雕刻成可随身佩戴的小巧装饰品。可以说他们十分欣赏蝉鸣与蝉身上的和谐之美。但在日本，蝉是吵闹的象征，尤其是油蝉一类，它们象征着日本的炎炎夏日，也许在树木稀少的希腊等地，蝉的鸣叫声不是那么聒噪，抑或分布在希腊的是螗蝉一类相对安静的品种吧。而对于我来说，日本的蝉单纯而美好，蝉拼尽全力的鸣叫声，仿佛能够穿透进我心里，令我感到快乐。日本有个词叫作"蝉时雨"，描述山林间的蝉鸣如演讲会一般此起彼伏，令人仿佛身处梦境，这是夏天给予人们的美好馈赠。每当我雕刻鸣蝉，我的房间就会刮起徐徐凉风，绿色蔓延开来，让人仿佛置身山林间。

---

3 ◎圣甲虫（scarab）：古埃及的象征符号，也指被雕刻成圣甲虫样的物品。指的是蜣螂。

能剧之雕刻美——
高村光太郎

能面是一种绝对的表达，
它象征着某种性格之下的人物内心深处的
核心部分。

　　日本的能剧可谓是一项艺术综合体，几乎所有的艺术
成分都被融入"能"的舞台上，向人们娓娓道来。能剧之
和谐，之精妙，加之其紧密的展开方式、行云流水的编排
及构成，都让观众为之动容。每当我观看能剧时，总能感
受到能剧身上所具备的雕刻之美，能剧包含的雕刻元素之
多，令其他舞台艺术望尘莫及，我甚至觉得能剧是雕塑艺
术的延伸。

　　在众人眼中，雕塑是静止的，但实际上雕塑也是"会
动"的，而雕刻艺术的魅力也正在于此。当然，作为物品
本身的雕塑是不会运动的，但当观众面对面地去观看它时，
由于观看时观众移动所带来的位置变化，导致雕像也相对
地运动了起来。初遇雕塑，首先映入眼帘的是作品的轮廓，
随着人们一步步向作品靠近，轮廓的形态就仿佛活了一般，
开始发生改变，飘忽不定。譬如在你意想不到的时候，会
忽然看见一片原本隐藏起来的突起部分，阴影下的窟窿也
会悄悄浮现在你的眼前。轮廓线微妙的变化是自然的波浪，
其中有着无法言说的和谐之感，于是观众们总是在不知不

觉中就围着雕塑作品走了一圈，这也被称为雕塑的"四面性"。再比如唐招提寺的鉴真和尚坐像，呈现出一动不动的静坐姿态，你仔细去观察的话，就会发现雕像似乎在发出微弱的呼吸，这其实是根据观看者自己的呼吸律动所产生的。原本不会动的东西却给人动起来了的感觉，不禁令人感到几分神秘。关于这点物理学中亦有根据可循，正如深夜时分，紧紧盯住一座雕像也会产生相同的感觉，有过类似经历的人一定会懂。

再来说如果通过照片来欣赏雕塑，可说是折损了实物一大半的魅力，这是因为照片固定了雕塑的轮廓，从而使得雕塑显得单一和索然无味。即便照片呈现得再立体，也不能够表现出雕塑原有的"运动"，从而抹杀了雕塑的"四面性"。

雕塑这种略显主动的、神秘的运动方式，使我联想到了能剧中演员的动作。在能剧中，人们追求用最少的动作进行表达。扬幕掀起，演员从挂桥走到第一株松树下[1]，演员低身挪步而出，一步一步轻擦地板向前移动，而身体却保持着不动的状态，就像一座木雕自然地移动到了前方。因其佩戴的能面具，每次转动颈部都会给观众带来强烈的观感，故演员的颈部必须保持岿然不动。

....
1 ◎ 幕和舞台连接的部分叫作挂桥，挂桥附近有三株松树，以显示出舞台的远近感。

主角停下脚步，转动身体，打开手臂，这一连串的过程
中绝不能掺杂任何多余的动作。一直到演出结束，演员
只做出应该做的、恰到好处的动作，按照顺序舒展开来。
切记不可破坏身体的轮廓。比如站在仕手柱[2]边唱起谣
曲，舞台上的一瞬间即象征着度过了两三年，因此假如
此时演员稍微将身体转向一侧，只要一个小小的动作，
便会让观众感受到强烈的变化。当主角向着配角逼近之
际，主角先是快步挪动，之后又突然停在恰当的位置。
前进时便提炼出最纯粹的行进动作，不加入其他多余的
杂质。人类的动作原本是能带来极强冲击力的，但我们
在实际的日常生活中，为了消减这样的冲击力，便将肢
体动作做得十分随意而马虎。也可以说我们通过稀释动
作，达到处事圆滑的目的，配合着各种各样的元素，事情
往往会进行得更加顺利。但能剧不允许这么做，一切的
动作需纯粹、坚决、干脆。所以，能剧中每一个微小的动
作都会带来强烈的影响，假如将人类的原始动作比喻为
纯净的清水的话，我们的日常生活便是在水中加入其他
物质。继续将这纯净的清水浓缩，完全保持静止的时候，
相反更能显示出其中隐藏着的波澜。我曾经观看过能剧
《山姥》，老妇人的装扮甚是朴素，装扮略带青色，扮演
者朝正面保持半蹲，长时间不动，从这个姿态中我感觉

2 ○仕手柱：在能舞台上，连接主舞台和挂桥的柱子。

到了角色内心丰富的感情，以及浮现到人物表面的妖气，令我十分敬佩。就像一尊静置的雕像一样，而演员与雕像的区别仅仅在于其本身是否能够呼吸、是否会发出声音罢了。深埋在能面具下的人所发出的声音听起来有些凄凉，宛如四周的空气中弥漫着从山林间散发出的灵气。演员就像一尊定力十足、紧紧绷住的人像，被打磨得十分精妙，没有丝毫的多余。从这个角度可以看出能的舞台也拥有着雕塑一般的神秘感，甚至可以说所有的能剧都具备这种性质。就连原本被认为舞步变换很大的《道成寺》中的乱拍子³，演员也依旧凛然地维持着造型。再如，《藤户》中的怨灵猛然挥动拐杖，刺入自己的侧腹部，在这样的动作之下，身体整体看起来虽朦胧，也依然维持着姿态不至于坍塌。从一个动作推移到下一个动作，非常纯粹，每一个瞬间都化作了雕塑。至于说到雕塑中的"形"，指的是将事物的一切统一起来，用公众能理解的造型将其姿态表现出来，固定下来，过程中不可半途而废、模棱两可、零零散散，更不能分多次去固定物体的形态，这样看来，能剧中的每个瞬间不就是雕塑的一个部分吗？所以在观看能剧的时候，偶然瞥见能面具之下演员个人转动脖子的小动作，或者是上半身的摇晃，抑

----

3 ◎乱拍子：能剧《道成寺》中特有的舞蹈。

或是感觉到演员似乎在望着侧面……这样的细节都会让观众感到异样，引发联想。另一方面，能剧中演员的造型往往非常厚重，所以当人们注意到天冠[4]的璎珞闪闪发光轻轻摆动的时候，会不由得感叹这样的美好和灿烂只在天上有啊。再如每当怨灵那黑色的长发[5]轻飘飘地、自然地摆动起来时，总会夺人注目，令人毛骨悚然。在能剧中，这些动作之自然，往往能把观众带到别样的世界中去。

　　说到能的装束，其本身就带有雕刻艺术的性质。宽大，且轮廓分明，每一件衣装必定有宽松的部位和用细绳紧紧收住的部位，宽窄分明，不论在什么样的姿势下，细节都不会从整体的轮廓中超脱而出，以其特有的轮廓将整体统一起来。就这样，宽大的衣装和其独特的穿戴方法，共同完成了雕塑整齐划一的美感。穿戴讲究的主角与仿佛是摆件的配角之间保持着恰当的距离，你来我往，看到这样的场景，雕刻家们将能剧当作是雕塑的延伸也不足为奇了。

　　再看能面[6]，这便是雕刻艺术本身的问题了。能剧舞

　　　　　　　　　　　　　　　　　　　　　

4 ◎ 天冠：能剧中的头冠。
5 ◎ 能剧中的道具。
6 ◎ 能面：能剧中演员佩戴的面具。

台上，假面[7]象征角色真实的一面，而直面[8]则用以表达角色暂时的面孔。假面散发出永恒的艺术生命力，而我们原本的面孔，最多也只能成为某位作家的艺术素材罢了。能剧舞台上的造型就像渗透进了空气扑面而来，让人舍不得眨眼。原来抑扬分明的假面才是自然的表达啊。联想起电车中所见到的所有面孔，相比起来显得十分平淡微弱，有的人甚至不得不包裹上一丝虚假。能面是人面雕刻作品中的集大成者，其艺术威力可谓登峰造极。能面中蕴含着雕刻的"省略"和"夸张"，比起刻画平日的面孔，其更倾向于具有能够表达强烈情绪的作用，这里所说的情绪并不局限于某种特定的情绪，必须能表达出所有性格的人物所带有的情绪。所以，能面是一种绝对的表达，它象征着某种性格之下的人物内心深处的核心部分。打比方来说，我觉得雕刻家的眼睛应该像龙的眼睛一样可以眼观八方，能够捕捉到人性格正中间的平衡点，虽然不易，但雕刻家达成了此成就。喜色的面具下也能看出悲伤，怒气冲冲的面具中也藏着小心翼翼、自卑的一面。比如"瘦男"[9]的能面中包含了"瘦男"所需要的一切表现，"般若"[10]的能面也是如此，瞪大的双眼，张开的嘴巴，夸张地暗示出角

---

7 ◉假面：能剧中佩戴面具时的状态。

8 ◉直面：能剧中摘下面具时的状态。

9 ◉瘦男：坠入地狱，饱受折磨的男性亡灵角色。

10 ◉般若：因强烈的妒忌与怨念所形成的恶灵。

色前世携带的深重罪孽。《藤户》中怨灵之面逼真到令人无法长时间直视它；《船弁庆》中的亡灵之面中隐藏着其难敌正法的软弱，同时也显露出其离不开亡灵所拥有的强大力量的悲哀之情。如此亦强亦弱、既强烈又脆弱的表达之妙，正是源于创作雕刻艺术的契机——捕捉人物性格的平衡之美，这样的境界仅仅靠着捕捉日常生活中某个特殊的场景，是绝对无法达到的。所有能面制作被分为上下两个部分，从下向上看甚感明朗，从上往下看则忽然变得阴沉，雕刻家避免多余的动作，仅靠着雕刻木头表现出面部的骨骼，在此之上叠加皮肤的特征。雕刻过程中做省略，同时也自然地运用夸张手法，比如美女佩戴的"小面"，鼻翼部分比起实物大了不少。由于舞台是一门远观的艺术，这是为了追求舞台效果所使用的必要技法。偶尔地，过去曾经从事舞台照明的工匠也会找上门来，谈到现如今的舞台灯光过于明亮，与能剧创作者的意图相违背。关于这一点，我不止一次感到奇怪，现在的人究竟是怎么想的呢?《羽衣》中的仙女站在不带灯罩的强光灯泡下，额头之下两眼深凹，实在是不好看，身披的锦绣由于过于明亮，扼杀了缥缈的气质。我之所以对能面的雕刻之美有着如此的兴致，还有一个原因——能面不仅仅用来刻画圣贤和伟人，它是怀揣烦恼的芸芸众生的面孔，并且，能面将这些面孔引领到了美之殿堂，追求更加深邃的雕刻艺术。

　　原本便具备了很多雕塑因子的能剧，通过雕刻家的手再次被雕刻。但能剧的雕像中并无上乘的佳作，能剧本身即雕塑，要继续将其雕刻的话，几乎没有了创作的余地，最终只能做出与人形雕塑无异的作品。"艺术中的二次创作难以超越前者"——能剧与雕刻再次印证了这个观点。

第三辑 ※ 漫谈

尽情活着的生命里，本身便具备了充分的美好，这应该是我们都必须认识到的。

雕刻家眼里的美人——

荻原守卫

站在雕塑家的立场上来看，
不论是雕刻美人，
还是刻画普通的劳动者，
都需要倾注全部精力，
不应当存有半点差别。

　　说起擅长雕塑美人的雕塑家，首先便必须要提到法国的让－里奥·杰罗姆，他的雕塑作品有着端庄而美丽，优美而厚重的古典美。而将现实中的美丽女子真实再现的艺术，则要追溯到古希腊。古希腊既有阳刚大气的阿波罗[1]，也有着米洛的维纳斯[2]、美第奇的维纳斯、黛安娜等众多美丽的女神。

　　雕刻出如斯美人的艺术家们，究竟应该怀揣着什么样的态度呢？首先他们会在心中描绘出自己想要制作的美人像，接着便去寻觅与自己想象接近的模特吧，这是需要花费功夫的地方，在艺术家中也的确有人是这么做的。有的艺术家找到一位身体肢干部位很美的模特，但颈部略不尽如人意，于是艺术家再去寻找别的模特身上的颈部，面部亦是如此，比如因为鼻子低矮，便在其他的模特身上寻找相同的部位来进行临摹……采用这种类似日本的木块拼花工艺的雕塑方法的艺术作品，也是不少的。只是对于我来

1◎观景殿的阿波罗，白色大理石雕像，18世纪中叶新古典主义者认为其是最伟大的古代雕塑。
2◎即断臂维纳斯。

说，这样的方法难以令人接受。雕塑家罗丹曾说：生命即美丽，仅仅是将其外形原封不动地刻画下来，并不是真正的美丽。必须通过极度深入的观察，毫无保留地、充分地将其内在所蕴含的生气和活力发挥出来，美的观念才能被建立起来。正如大家所说，米洛的维纳斯是一位身上几乎找不到任何缺点的女神，而这绝对不是雕塑家为了制作出一座美人像而驱动想象所得到的结果，定是那一刻的希腊妇人自身的美丽，加之其内心精神层面所透露出的内涵，被不留遗憾地刻画了下来，才成就了我们今天所看到的美丽。尽情活着的生命里，本身便具备了充分的美好，这应该是我们都必须认识到的。也就是说，所谓的自然界，原本就是已经被打磨好的，是一个完完整整的存在，所以我们无法超越大自然去造出更加美丽的事物，我们能做的，仅仅是去描绘大自然，描绘它的模样。

这是基于自然主义的一种观点，但实际上，这也并不是完全驳回了人类主观的作用。某种层面上来说，艺术不能摒弃创作者人格的显露，艺术作品中的自然的事物也正是通过人的主观所表达出来的。在让-弗朗索瓦·米勒[3]的笔触下，即使是贵族也会包裹上平民百姓的气息，而假如

----

3 ◎让-弗朗索瓦·米勒：法国画家，擅长以写实风格描绘乡村风俗，尤其受法国农民所喜爱。

请安东尼·凡·戴克⁴作画，即便是普通人也会被带入贵族的气质。回顾当年我在美国留学时期，曾经用一幅美人画像进行临摹，画中的美人看上去是那么纤弱而又优雅，就像是从香槟酒广告里走出来的一样。一位叫作布里奇曼的老师看见我的作品，却说："这看上去就像一个洗衣服的妇女！你终究还是不适合创作精致风格的作品。"果然，艺术家的人格是藏不住的。话说回来，即便是雕像，我也不可能雕刻出这位老师眼中"美"的作品，因为我总是用严肃的目光，深入地观察自然界中的事物，以及映衬在我眼中的生命，将它们表达出来，于我而言这便是"美"。

被世人称为美人的雕塑不计其数，然而这些雕塑在不同人的眼中，未必符合每一个人心中"美人"的标准。譬如卢浮宫古埃及展馆中的《年轻女子》、最近法国的马约尔⁵的雕塑作品，一眼看上去，其外形和身体的轮廓其实并不能称之为"美人"。再说到著名的雕塑家罗丹便更是如此了。罗丹中年时期创作的《淑女的肖像》，看起来与其以往的雕像作品有些不同，人像显得端庄大方而娴静。其他有名的作品例如《海边的少女》《春之神秘》《罗密欧与朱丽叶》《弗朗西斯卡与保罗》《吻》等，均不拘泥于表达那

---

4 ◎ 安东尼·凡·戴克: 比利时弗拉芒族画家，英国国王查理一世时期的英国宫廷首席画家，画像风格轻松而高贵。
5 ◎ 阿里斯蒂德·马约尔: 法国著名雕塑家、画家，其作品多以女性人体为主题。

些精致的事物，罗丹将自己所要雕刻的对象作为一个整体来看，并不会刻意将事物拆分为"壮丽"和"优美"两个部分，而是把这些元素结合起来，即表达出"壮丽而优美"的气质。再如，虽然模特的脸庞并不出众，无法被划分到"美人"的范畴，但这并不代表她在其他方面没有成为杰作的特质。所以，不论是绝美的美人，还是茅屋下的海女，在雕塑家的眼中都一样。雕塑家能否将其内在和精神表达得深刻，则决定了该事物的美丑之分。观世音菩萨、辩才天女[6]也好，维纳斯女神也罢，之所以能成为家喻户晓的形象，是因为她们有着优美的线条，以及富有慈爱的微笑，从而彰显出了生命的活力。因此，站在雕塑家的立场上来看，不论是雕刻美人，还是刻画普通的劳动者，都需要倾注全部精力，不应当存有半点差别。

再者，假如有人向我问起，就外形轮廓方面更加均衡的模特而言，西方人与日本人相比，哪一方更加出众，我则会回答道，我还是更加推崇西方人。当然，我并不会仅仅因为精致的五官、完美的骨架，就直接将对方判定为"美人"。相反地，我也不会因为模特身上的某处缺陷就否定对方。整体而言，我是凭着感觉判断西方人模特各方面更加均衡，故以为西方模特比起日本模特更"好看"，更适合成为雕塑的模特。究其本质，许是由于旧时的日本女性

6 ◎ 辩才天女：印度教的一个重要女神，简称辩才天，又称妙音天女。

极少外出走动，她们受传统压迫，常弯曲膝盖和腿部，跪坐在家，于是阻碍了腿部的发育，因此身体的比例显得相对修长，但即便站起身来，也显得不那么好看。再来看脸部，西方人会将自己多年累积的经历和体验体现在表情上，因此看上去线条十分大方。但日本则相反，日本女性受旧时接受的女校教育的影响，极少将喜怒哀乐形于色，表情漠然，脸看上去显得十分平淡。即使是宽容的艺术家，在姿态和容貌上也不会认可日本模特的吧。

自画像漫谈——
高村光太郎

所以，

我也想尽自己之力，

向人们展现日本女性那简洁而有亲和力的美。

　　这一篇以漫谈的形式展开吧。前阵子写过关于雕刻肖像的事情，我本身喜欢制作肖像的雕塑，所以每当有人向我要肖像，我都会欣然接受。所以时至今日，我已经为太多的人创作过肖像的雕塑。

　　过去我曾在勃格兰姆[1]老师位于纽约的工作室做工，一段时间里，我曾与铁道部的冈野升在同一个寄宿家庭之中生活，他曾经想着给我一个挣小钱的机会，于是让我帮他雕塑本人的肖像。那是我生平第一次有偿地为人雕像，所以印象深刻。白天我在老师的工作室劳作，傍晚回家之后我便邀请冈野坐到我的对面。之后我利用周日休息的时间，一大早就开始潜心制作。最终我雕刻出了一个七八寸大小的雕像交予冈野。那是一尊用石膏成型的雕像，冈野在回国之际将它一同带回了日本。我在回国之后曾收到石膏上出现了斑点的通知。想必当时我在制作雕像的时候竭尽全力地将雕像雕得更像本人，根本无暇顾及雕刻本身所带来

1◎约翰·古松·德拉·莫斯·勃格兰姆：美国雕塑家，以拉什莫尔山雕像而闻名。

的快乐吧。还记得冈野曾对我说，这座小像更像他的哥哥，听罢我放心了不少，起码这不会被误认为是与他毫无关系的外人。冈野的哥哥名叫冈野启次郎，是一名法学博士。冈野升在外求学，学习关于铁路线路和信号的设计。据说当时的大宫站铁路的设计便出自他之手，据说他曾经为了旁轨的防锈问题绞尽脑汁。他还说过波士顿车站的铁轨很好，但当我之后亲自到波士顿，不论我如何仔细地观察铁轨的配置，依旧不明所以。所以我感叹，冈野实在是极其聪明的人呢，任何事情他都能够机敏地察觉到。我记得很久之前他似乎还被聘作了某个智囊团的成员。当然他现在依旧健在，只是我时不时会想，我做的那座胸像现在不知怎么样了。

我在国外的时候并没有制作雕像的经验。回到日本之后，恰逢我父亲光云[2]的花甲大寿，父亲门下徒弟们的盛情难却，他们希望由我来雕刻一座纪念胸像。这些门徒似乎是想要试试我这个新留洋回来的雕刻技艺到底如何。刚开始我征得大家的同意用石膏成了型，可是后来突然对这个造型厌恶了起来，仅仅一周之后我就开始重新来过，最终铸造了眼前的这个形态。这个胸像的成品的照片被收录于《世界美术全集》之中，当时被认为是雕刻作品的新式风格，而实际上这座胸像的照片比起实物来要更加好看，所

---

2 ◎ 高村光云（1852—1934）：日本佛教大师、雕刻家。

以我以为这是一个虚有其表的作品，我甚至有将来将其销毁的打算。在那之后我也为父亲做过一两次小型雕像，在父亲去世后我更是雕刻了一尊最具有决定性的作品。那是在昭和十年，父亲去世后的一周年忌的时候，如今竖立于上野的美术学校的前院之中。这尊肖像遵从了我内心中特有的哥特式精神，也以哥特式的风格呈现了出来。它的肩膀和胸部我没有做夸大的处理，那是因为铸造费用预算有限的关系，与我雕刻的理念无关。人们眼中亡父的形象高大魁梧，很是气派。但其颈部很粗，肉厚，看起来略显粗糙，雕刻起来很难处理。当然我还是想要致力于表现出父亲精神方面最本源的东西。

说起来，我回到日本之后，第一次被人委托制作肖像，是出自园田孝吉先生，他请我为他制作胸像。于是我便到他位于相州二之宫的园田家别邸去写生，仔细阅读他的著作《赤心一片》，通过这些方式我逐渐对他有了大概的印象。园田先生长期担任十五银行的行长，同时也是战争时期提供金钱援助的早期倡导者。当时我尽了全力为他雕刻肖像，现在看来制作方面仍然存在着一些疏漏。听闻发生大地震的时候，园田先生在二之宫的官邸中不幸身亡，而当震灾结束之后，我却刚好有机会，在其位于东京的宅子中再次见到了那座胸像，看上去青铜的颜色显得更加美丽动人了。

而在那之后我便与日本雕刻界少有来往，所以直接向我委托定做雕像的人几乎没有。甚至可以说，世人大概都不知道我也在从事雕刻事业吧，人们总说，光云翁后继无人。而实际呢，我曾经以妻子颈部以上的部分为原型做过几次雕塑，从而学习技艺，然而这无法赢得钱财，所以我经常做一些父亲那里的工作，借制作雕像的原型维持生计、填补家用。我按照父亲的吩咐，制作了各式各样大小不一的肖像原型，其中的一大部分已经想不起来了。长达数十年的时间里我做着这份维持生计的工作，我一边听从父亲提出的意见，一边按照自己的审美观，最终得到了一些看上去模棱两可的作品。有时候我煞费苦心雕刻好的雕塑，在父亲的工坊中用针重新雕刻到木雕上的时候，残酷的是眼前的木雕竟然发生了歪曲，这样的经历很多很多。我记忆中还有松方正义老人的银像、大仓喜八郎夫妻的坐像以及法隆寺之管主的坐像，等等。其中松方老人像是我作为父亲的助手跟随着父亲一起来到其位于三田的宅子中进行写生的。老人说，有很多人说他长得像俾斯麦。然后，老人让我亲手摸了摸他额头中央高高隆起的部分。最终这尊银像看上去十分地幼稚。再说大仓先生的雕像吧，最终的成品与他相似度很高，而这并不符合他的本意。他曾说凭着小心翼翼地写生来做是不行的。他当时刚刚从对蒙古国的勘查归来，英姿飒爽。而我却没有按照他的要求，每每细致地对其进行写生。最后的一位，我曾在父亲家中见到了法隆寺管主，我为他拍了照片，作为参考，我用油性黏

土等材料制作了一个等身大小的原型。然后在复制到木雕
上的阶段外形却大变样了。最终这尊木质雕像还在日本美
术展览会中得以展出。像管主这般清净、沉稳、有深度的
人，他的雕像我原本打算按照自己的感受来进行创作，可
是最终却被父亲修改成了他自己的风格。总之，在父亲手
底下做工的时候，我做了很多拙劣的作品。

　　同一时期，我正好计划前往美国学习，为了筹措资金，
我召开了雕像发布会，可是现场的到场者甚少，最后在寥
寥人影中结束了。由于无法自由地选择模特，我无法学习，
所以我便屡屡拜托妻子智惠子作为我的模特。她的身形虽
然娇小，但比例却甚好，美丽无比。

　　在雕像发布会召开的时候，经由日本女子大学的樱枫
会，我接到了为女子大学校长成濑仁藏制作胸像的委托。
而就在那个时候，成濑校长也永远地离开了我们。我最后
一次见到他，是在他即将辞世之前，他躺在病榻上。但胸
像的制作却耗费了大量的时间，我以平均一年制作一个的
速度雕刻原型，不满意则毁坏重做，上午十一点五十八分
四十五秒发生大地震时，我也正好在雕刻这尊雕像[3]。这尊
胸像最终于校长的十七年忌日时完成，被收入位于目白的
讲堂之中。尽管花费了如此漫长的时间，但最终的成品我

----

3 ◎ 此处指 1923 年发生的日本关东大地震。

并不满意，对此我感到十分羞愧。是年，我还为中野秀人[4]和黄瀛[5]、住友芳雄[6]等人制作了头部雕像，其中为住友兄制作的最为满意。

如今东京美术学校[7]和黑田纪念馆中存放的黑田清辉[8]老师的胸像则是花费了两三年雕成的。我从学生时代起就经常看到黑田老师，所以这尊雕像很成功。老师的头盖骨的形状很特殊，雕刻起来十分有趣，也就是人们口中所说的"法然头"[9]。从那时候开始，我对于雕刻的本质，逐渐有了自我的认识和领悟，形成了自成一派的理念。

然而，这座胸像完成后不久，智惠子的精神方面就开始失去了控制。自那之后等待我们的是一段漫长的与病魔战斗的日子。我想尽办法希望能够将她治愈，尝试了所有的方法，心力交瘁。就在这时，我为松户某园艺学校前任校长赤星朝晖雕刻了胸像。我一边照看着精神异常的妻子，一边做创作，所以比计划耗费了更久的时间。如今回想起当时痛苦的情形，我依旧感到战栗不止，智惠子的病情加剧，我不得不在苦恼的同时完成创作。智惠子后来变得已经无法独自一人待在家中，狂躁无比。另一方面我的父亲

4 ◎ 中野秀人（1898—1966）：日本诗人、画家、评论家。
5 ◎ 黄瀛（1906—2005）：20世纪初活跃在日本诗坛的中国诗人。
6 ◎ 住友芳雄：亦写作"住友芳夫"，住友财阀第十七代传人，实业家、工学博士。
7 ◎ 东京美术学校：现为东京艺术大学美术系。
8 ◎ 黑田清辉（1866—1924）：日本画家、政治家。曾担任东京美术学校教授。
9 ◎ 法然头：形似日本僧侣法然的头顶部形状，中间略为凹陷。

患上胃溃疡，同年父亲去世，我与智惠子搬家到了九十九里滨，自此智惠子彻底陷入了癫狂之中。那几年我一直被家庭杂务和照顾病人所困，未能进行雕刻活动，诗歌创作也停滞了，度过了一段空白的时期。甚至有时我也会怀疑自己的精神出现了错乱，而当时的人们也评论我对雕刻和诗词的态度倦怠。不久之后我将智惠子送到了医院，这样我不必再朝夕与她相对，精神得以宽慰，于是我逐渐展开了创作活动，并在父亲去世一周年之际完成了赤星校长的雕像。在那之后我开始为第九代团十郎雕刻头像，可是就在距离完成只差一步的时候，智惠子去世了。团十郎肖像颈部的黏土由于干燥而出现了裂痕。现在依然没有被修缮好，所以我一直以来都希望能够重新来过。同一时期，我还为西藏学者河口慧海[10]老师制作了记录形式的头像和坐像。今年得到了允许，于是着手开始制作木暮理太郎[11]老师的肖像……总之，未完成的工作多得说不完。

我作为一名雕刻家一路走到今天，最遗憾的事情莫过于错失了为西园寺公望[12]先生制作雕像的机会。在我父亲还在世的期间，我心想将来某一天总会有门路的吧，没想到一直拖到了现在，可是西园寺公年事已高，并且我作为

---

10 ◎ 河口慧海（1866—1945）：日本黄檗宗僧侣、佛教学者、探险家。以曾经四次去尼泊尔、两次去西藏而闻名，是最早到这两个地方旅行的日本人。
11 ◎ 木暮理太郎（1873—1944）：日本登山家。
12 ◎ 西园寺公望：日本明治时代政治家、军事家，日本前内阁总理大臣及枢密院议长。是日本自明治到大正时期直至战前的政治元老。

区区一介出身民间的雕刻师，无法与其产生任何的交集。
政治家们往往相貌平平，一般情况下不会引起雕刻家们的
创作冲动，可是为西园寺公先生制作雕像却一直是我的愿
望。其风貌深沉，看上去气质内涵丰富，彬彬有礼，假如能
够尽情发挥的话，这一定会是一件极好的作品。他的外表
十分日式，有着典型的东方气质，既透露出高度的审美价
值，又有着足够的细腻，仿佛笼罩着一道阴影一般，深不
可测，我认为这一切值得向世人展示。我有幸与这样的前
辈一同活在当下的时代，自然会为没能给他制作雕像而感
到懊恼，想必我这样的情绪是无可厚非的吧。我隐隐感觉
到，外表和气质如此深沉而大气的人在当今的日本很难再
找出第二个了，去一趟中国也许能遇见，可是中国人的气
质和特征一定与西园寺公大不相同吧。

除了智惠子，我几乎没有为其他女性做过肖像。很久
以前我曾经在雕刻女诗人今井邦子[13]胸像的途中，因为黏
土的损坏而没能最后完成，十分遗憾。所幸雕像的照片得
以保存了下来，被用作她所著随笔集的插画。大概是因为
那座胸像表达出了些许今井女士所拥有的坚忍与精神之美
吧。那座雕像的颈部我原本打算用大理石来制作，我甚至
还准备好了材料。接下来的日子里，我希望能够抓住机会，
大量雕刻女性的雕像，以此展现出日本女性身上鲜活的美

---

13 ◎今井邦子（1890—1948）：日本昭和时代小说家、诗人。

丽。大体看来，优秀的女性雕像比想象中更少，这也许是因为作者们都太过于轻松地认为女性的美很容易展现出来吧。雕塑家罗丹所创作的诺埃尔斯夫人像最为美丽，淋漓尽致地表达出了这位高雅的女诗人的内在和外表之美，每当看到这尊雕像我都备受鼓舞。所以，我也想尽自己之力，向人们展现日本女性那简洁而有亲和力的美，同时我也希望其他作者能够为我树立榜样啊。

文具漫谈

谷崎润一郎

相比之下毛笔不论写得多急多快，
绝对不会发出任何声音，
所以能使人内心安宁，
不影响头脑中的思绪。

从很久之前起，一直以来我便不曾使用钢笔，我同时预备着日本纸[1]与西洋纸，分成两份，用来书写原稿。使用毛笔时便选用日本纸，使用铅笔的时候则准备好西洋纸。这样的习惯也许是个人的偏好问题，但于我而言，这却是实际中的刚需所导致的。钢笔本就不需要研磨和蘸取墨汁，能够节约工夫，所以能够比毛笔写得更快。但钢笔的这些优点于我而言却是一无是处。因为我原本写字就很缓慢，每写好一行都要返回去阅读前面的部分，而后再起身在屋内踱步，饮一口茶，抽一根烟，这一系列动作之后再开始考虑之后的创作。所以研墨和蘸墨时所花费的时间，对我来说并无大碍。相反地，手上有一些事情做，还能给我制造一些空想的时间，恰到好处。也就是说，对那些奋笔疾书的人来说，钢笔的确更加出众，但对于我这样整体上创作时间偏长的人来说，则并无选择毛笔还是钢笔的自由。

不仅如此，我认为钢笔之弊大于益。钢笔的笔身注重轻便，故适合用于书写体形瘦弱的字体，而我的笔触强劲

1◎此处的"日本纸"指的是和纸。

有力，体形偏大，总是将稿纸的格子填得满满当当。想到
佐藤春夫也偏好粗体字，他过去时常使用笔头已经破损的
G笔[2]，笔尖折断、笔叉之间距离分得过开导致蘸不上墨
等等，正好能够完好书写的时间实则非常短暂。我也并非
没有能够书写粗体字的钢笔，但毛笔与柔软的G笔用起来
的确更加自如。并且，倘若在钢笔上施加力量，钢笔也会
还以坚硬的抵抗，不知不觉间手便会疲劳无比，肩膀酸痛。
再者，钢笔字变干的速度很慢，需要用吸墨纸才能迅速使
其干燥下来，这也是钢笔字的一个不便之处。以上的两点
对于写起字来很细很轻的人来说，也许不值一提，但我如
果不边写边用纸一行一行吸干墨水的话，便会弄脏手腕和
原稿。而最令我感到困扰的，莫过于修正错误的时候。我
不习惯让别人看到我书写错误的部分，所以我会将书写错
误的部分全部涂黑，用黑色遮盖住原始的部分。然而钢笔
的笔尖极细，故要完全将其遮盖住需要花费很大的精力，
假如不多次来回涂抹的话，那么下层的字就还是容易被
看到。可是，当我将其涂抹得严严实实的时候，墨水又堆
积在表面，形成了一个光亮的表层，不容易晾干。于是我
又用吸墨纸去吸收表面的墨水，结果没想到下层的字又露
了出来。此时我为了覆盖住底层的字，又继续用钢笔去涂

<hr />

2◎G笔：蘸水笔的一种，外形与钢笔相似，因为笔头镂空处是个G字而
得名。

抹。——就这样反反复复，最终将稿纸弄破的情况也屡次
三番地出现。

　　看到以上的这些缺点，现在再试着设想一下用毛笔的
话会怎么样吧！毛笔的话，以上所说的所有不便之处都能
够得以回避。先看字体的粗细问题，毛笔自然是可以写得
很粗，另外，不论如何用力，由于毛笔质地柔软，没有反
向的抵触力量，所以不必担心肩膀会酸痛。而最令人感到
清爽和舒适的地方是书桌总算可以摆脱吸墨纸的存在。我
事先准备一支用来抹去错误的粗毛笔，一旦写错，便用它
一扫而过就能遮盖住。用钢笔要涂抹很多次的地方，用毛
笔从上到下一次性地迅速扫过便可。只要墨汁浓度高，便
不用担心下层的字会显露出来。再者，毛笔还有一个优点，
那便是书写的时候完全不会发出多余的响声。钢笔和其他
硬笔类（我所说的是用力书写的情况）总是会在擦过纸面时
发出"嚓嚓"声，很是扰人。另一方面，铅笔的声响略轻，
"刷刷"带过，不是那么令人生厌，而钢笔的金属笔尖在纸
面移动的声音听上去略显刺耳。书写英文的时候也许尚好，
但汉字的笔画多而复杂，笔法曲折弯曲，绵延连贯，自然
会发出更多的声响。一位朋友曾说过，日式剃刀不会发出
响声，而西式剃刀却总是"嗞嗞"地发出声响，让人觉得
十分烦躁，毛笔与钢笔的类比也和剃刀的情况一样。有的
人也许会说，那样细微的声响并无大碍，但请设想深夜中，
独自在房间里搞创作的文人，于一片寂静之中，经过深思

熟虑提笔开始书写，这个时候即便是很小的声响也足以令人感到异样。并且，有时这样的响声会令人的神经感到疲惫，有时也会刺激到人的神经，相比之下毛笔不论写得多急多快，绝对不会发出任何声音，所以能使人内心安宁，不影响头脑中的思绪。

大家都知道，假如选择毛笔的话，不论采用稿纸还是日本纸都很方便。其中，日本纸的优势于我而言实则更加明显。第一，我居住在关西的郊外，无法亲手将原始稿件交给编辑，我通常使用邮政来投递。所以我必须要选择一些质量轻、体积小、质地强韧的纸张。同时，由于我的涂改非常之多，我虽然没有做过精确的统计，难以说出准确的数字，但我每写一张稿子，就会浪费掉四五张纸。按此推算，写一篇一百页的稿子，便需要准备四五百张纸。更有思绪不畅之时，虽文思堵塞，却只见纸张一张张被消耗掉，装纸屑的垃圾桶泛滥成灾，甚至不得不在执笔的过程中请女用人来帮忙清空垃圾桶，回想起来就像一场劫难。纸张四处散落在桌子的周围，杂乱无比。在这样的情况下，日本纸的纸屑在体积方面得以大幅度减小，故而降低了泛滥成灾的次数，同时也很大程度地省去了清空垃圾桶所花费的精力。另外，差旅期间办公的时候，携带上千张西洋纸实在是太过于繁重，相比之下日本纸就轻便了许多。

我原本将稿纸交给印刷厂来做，但每次印刷得到的纸质、大小以及底色，都会有着细微的差别。之前我曾拜托印刷厂选用明亮的黄色作为底色，可是对方没有充分地洗净调色盘，于是最终得到的黄色有着些许的浑浊，颜色比起要求也有所减淡。于是经过一番考虑，日本纸的稿纸我单独在自家进行印制。我先从纸店买来原材料，之后自己调配颜色，这样可以避免出错。万一出现了失误，也可归结为人无完人，失手在所难免，这样内心也能达到平衡。手工印刷虽然有些麻烦，但这个过程十分有趣。没有必要一次性制作一两千张，每日做够五十张百来张即可，可以利用闲暇时间，自己疲了也可交由我的孩子或者用人，其中并无深奥的道理。并且，不论何时稿纸见底，只要我有用作原料的纸，便可立即追加印刷一两百张。纸质并无特别之处，所以只要到附近的纸店去购买，也能赶上创作的时间。所以当出现多次修改，需要耗费大量纸张的时候，也不会因为没有纸而犯愁。而关于画具呢，我则使用以前画图时使用的水粉画工具。接下来是染色，以前曾经采用山栀花的果实来熬制，最近改用矾红作为颜料。绘图时候所用的那些颜料，需要自己来调色，显得很麻烦，并且当我的稿纸见底的时候，不立即赶往大阪或者神户便不能轻易地买到那些颜料。然而山栀的果实不同，晒干的果实在任何一个药店都能买到，非常方便，并且它的颜色不需要调制就可以直接使用，不足之处是熬制起来有点花费精力，且山栀最大的缺点是容易褪色。我曾向专家请教，被告知用山栀作为染料的东西暴晒于阳光之下的话，仅仅一个月的时间颜色就会彻底褪去踪影。我过去不知道这个事实，在得知以后便放弃了山栀。表面使用的铅字印刷也许尚可，但长期保存下来，格线消失不见的话可不行。而矾红虽然也是取自植物性染料，但由于其色比山栀更加浓郁，所以不会像山栀那般彻底消散不见。再者，呈粉状的矾红只需要用水即可溶解，所以不需要熬制，是关西地区普通人家经常使用的染料之一，所以不论多么偏僻的农村都可以买到。

人们普遍认为差旅之际携带钢笔更为方便，但试想一下在四下无人的乡间，钢笔坏了、丢失、墨水用尽的情况吧！与之相反，如今不论是多么偏远的乡下旅馆中，一律会在房间中配备着装有笔墨纸砚的箱子。换句话说，只要有水，那么毛笔和墨汁便可以自由使用。稿纸亦是如此。每逢长期逗留的时候，我会将木版放入行李之中随身携带。只要有了木版，加上矾红和底纸可以在当地买到，所以不论我因为创作浪费了多少纸张都不必焦虑。

而铅笔又如何呢？使用铅笔的时候我会在稿纸下铺一层炭纸，以便复印的时候能够使用。铅笔的缺点在于会发出声音、笔尖偏硬，以及需要恰当的削铅笔工具（此时已经出现自动转笔刀，十分方便，而过去的老式转笔刀则特别煞风景）。另外，能够使用橡皮擦消除笔迹这个点也很方便，所以不需要吸墨纸，也很少会弄脏手或桌子。最后，铅笔恰到好处的硬度，能够使人心情舒缓从而进行创作和执笔，这样看来铅笔似乎是最好用的。

　　当然，选用日本纸和毛笔，在经济方面开销是比较大的，但于我们而言，这就相当于画家们选择丝绸画布与画具一样，都是营生的基础。而人们还可以对此类开销发出抱怨，实在是身在福中不知福。更何况与丝绸和画具相比起来，日本纸和毛笔已经是很廉价的东西了呢。

莲月烧[*]——
服部之总

也就是说，
莲月烧被世人所认可，
是从莲月的父亲离世之后，
她就此孑然一身，
进入了轻松自如之境界。

....
*◎莲月烧: 幕府末期, 由尼姑大田垣莲月所制作的一种陶器。

　　莲月尼姑的陶器，仿品极多。而区分仿品和真品的关键在于那些篆刻于茶壶或茶碗上的文字，原本是她原创诗歌中的选段。唯有这些文字是难以模仿，不能被模仿的，尤其是莲月尼姑的陶器，她用细体字书写于未上釉彩的陶器表面，那些字有一种难以名状的微妙气质，是仿品所无法企及的。

　　但"仿品"一词与莲月烧原本就是格格不入的。模仿莲月的笔法所制成的莲月烧，如今还有很多意想不到的地区在进行生产。若干年前，我曾在山形县的温海温泉看到过。虽然其价格低廉，但笔法看起来却十分华丽而欢快。可是，这毕竟是本着仿造之意图所书写的文字，不论笔法再高超，也经不起仔细的观摩，逐渐地就会看出几分低俗的气息，顿时使人心情失落。

　　莲月尼姑闻名于幕末维新时期的京都，相传当时的名人基本都被归为尊王派，所以便将她称为"尊王诗人"。关于她的记录，普遍认为最早见于林长孺的纪文《烈妇莲月》之中。将此篇古文仔细读来，发现关于其姓氏并未详细记载，只写作京都某商人之妻，仪态美丽，性格聪颖，熟习文

墨，善吟和歌，精于陶器。家境贫寒，丈夫因病卧床，不得
不自给自足。烈妇另起小店，煮茶予客人，以此赡养丈夫。
不久之后丈夫病逝，独自守家寡居，云云。人们即将莲月
奉为赡养丈夫、独守家业的烈妇。

她的父亲是太田垣传右卫门光古，号称知恩院的侍卫，
由于其独生女的身份，故继承了父姓。将彦根来的近藤氏
纳入赘婿后，育有四名子女，子女皆早早离开父母身边，
同时夫婿亦早逝。彦根的近藤一家被认为是商人出身，故
其夫婿近藤氏未继承养父的家业，而继续经营商业方面。
这段历史被认为是林长孺所写的"京都某商人之妻"的
出处。

丈夫亡故之后，她便遁入空门，取名"莲月尼姑"，时
年二十岁左右，即文化八九年间。其父光古卒于天保初年，
即莲月尼姑四十岁之际。莲月在和歌方面师从于千种有
功[1]，并烧制陶器，将自己所作和歌绘于陶器表面。也就是
说，莲月烧被世人所认可，是从莲月的父亲离世之后，她
就此孑然一身，进入了轻松自如之境界。

据《大日本人名字典》所记载，"京都周边仿制莲月烧，
得利者甚多"。然而虽然陶器可以模仿，但笔迹却不能。不
如一齐去拜见莲月尼姑，问问究竟要怎样才能写出那样的
字吧！莲月尼姑在烧制陶器的时候，亲自吟诵诗歌并题字。

---

1 ◎千种有功：江户时代后期和歌诗人。

当时模仿莲月尼姑的制陶者有数十人，并以此得以养家糊口，而莲月尼姑对此也甚为欣慰。同时，莲月尼姑厌倦了全国各地赶到京都并频繁向她求诗的人们，于是便四处迁居，居无定所，最终在西加茂神光院的茶苑中落脚，所以，她也被当时的京都人称为"居无定所的莲月"。

端详那些一眼就能看出真假的莲月烧，那些其貌不扬的字迹，其制作年代亦甚是久远，人们认为这些陶工的风格是从他们参与莲月烧烧制之前的作品之中就保留下来的。而莲月逝世之后的那些仿制品，则很难分辨真伪，模仿得十分巧妙，正如前文所说，最近的一些作品，甚至吸取了时代变迁之趋势，自成一派。

尽管如此，莲月居然选择与那些仿制者共同合作，她命数十名陶工完成陶器的制作，而后亲自书写诗歌，她与那些陶工究竟是基于怎样的合作方式来发展自己的事业，我们不得而知。她不受市场订单的左右大量生产陶器，所以不算是一名普通的手工艺品商人。身为一名女流作家，譬如我，总是在接到出版社的订单之后，才会孜孜不倦地开始创作，这是处于民主主义和资本主义并存的日本昭和年代的一名手工从业者的行事方式。但如果你身为一名女流作家，并且兼风俗文化杂志社经营者的话，则应该以天保年间的莲月尼姑作为经典的范本。

根据历史记载进行推算，至明治元年间，莲月年过七十八岁。其始终居于西加茂神光院之茶苑。如今还可以在该地购买到莲月尼姑的美术明信片。

直到明治八年，即莲月八十五岁。相传其仍旧按照上文提到的合作模式在制作莲月烧。而是年八月十八日出版的《东京曙报》中，曾经有过这样一篇报道：

"昨日（十七日）读卖报社刊登的报道中称，住在西京的莲月尼姑家遭遇了小偷入室盗窃。报纸上称莲月尼姑本人崇尚高雅，擅长诗歌，其陶艺技术高超，这也是众所周知之事实，但我们却从西京之人口中得知，事件本身的事实并非如此简单。虽然不知道这种说法的真假，但我们依旧希望告知诸位，请君自行查看。据说当晚窃贼对莲月尼姑命令交出钱财，而莲月则不慌不忙地从身边的小柜子中取出一包钱财（相当于数百元之多的闲置资金）并递给他，窃贼面对这出乎意料的举动十分震惊，于是壮着胆子称自己食不果腹，希望招待自己吃一顿茶泡饭。莲月答曰，我乃孤家寡人，不常备多余的膳食，我只能将吃剩下的分量赠予你。窃贼迅速将其扫光之后，抱怨分量不足，问莲月是否还有多余的食物。于是莲月尼姑便拿出了白日收到的面粉制点心，可是哪知窃贼吃到一半，突然气绝倒地，莲月惊慌失措，连忙照顾起窃贼，附近的邻人听到动静也聚集过来，而窃贼却就此身亡。据官方调查，一切的起因都源于那份点心，莲月向人借了三百元，而这份点心正是那个债主所赠。窃贼虽可怕，但毒杀更加恶毒。此事事出蹊跷，故特做此报道。"

　　从这篇报道看来，外表潇洒的老年莲月，实则积攒了大量财富，通过这样的一篇社会新闻，可以看出其待人接物的态度。这样想要揭露的心态，绝不仅仅是创作此报道的记者一人所有，作为读者的普通日本人也是一样，人们总期待着看到事物不堪的一面。文人与债主这两种身份，本不该混淆起来看待，但人们总是无法将一个人物固定在某个特定的范畴中来看待。然而人们却还要声称自己并不是如此偏颇。事实上，资产阶级随着时间的推进，逐渐分化为大量的无产劳动阶级和一小部分资本家，并各自形成自我的风格。就像融化的冰雪一般，这个分化过程从明治时代延续到今日，时而加速节奏，时而动作缓慢，逐步前行。

　　那些从资产阶级分化而来的人，在分化的过程中由心底感受到了既可怕又焦灼的变化所带来的冲击，对上一辈人曾经拥有过的地位和财富，他们内心深处只涌现出了愤怒。而正是如此，曾经攀爬到资产阶级上流的莲月尼姑，也许内心遭遇了比窃贼更加深重的磨砺呢。

　　莲月尼姑在该报道被刊登后的四个月之后，于明治八年十二月十日逝世，享年八十五岁。想必有过这样经历的她，一定在死亡到来的前一天，都还在莲月烧的表面题字吧。持续四十年的时间里，多亏了她大量生产莲月烧，我们现在才能够得到这些如假包换的作品。虽然没有茶碗，但我手上拥有一只手工制的陶茶壶。仔细看盖子的内侧，

釉药发出微弱的光芒，而茶壶的外侧则没有上釉。盖子的
把手是有着两片叶子的桃子造型。尽管这并非莲月本人，
而是陶工所烧制的作品，但你看它表面契合度极高的和歌
题字和署名，可以肯定这一定是莲月尼姑的作品。

　　题字写道："岛畔的夕潮哟，未曾遇上海浪，一轮半弦
月悬挂于夜空。莲月作"。甚至连题字时所留下的指纹印
迹都还清晰可见。

价——

薄田泣堇

"因为我一想到要做两三百个，
就觉得很厌烦呢。"

　　大阪有一位名叫大国伯斋的釜师[1]，为年轻雕塑家大国
贞藏之父，其制铸釜之技艺，可谓独步天下。虽然其技艺
精湛，但名声却鲜有人知，于是他的一位朋友曾经惋惜地
劝说道："隐居在大阪也不是个办法，不如下定决心向着东
京进发吧！想必对提高名声有着很多的方便吧！"伯斋听
罢，用那沾满矿石气味的手掌慢慢地摸了摸脸，回答："我
明白你讲的道理，可是我已经住惯了此地，大阪亦有着大
阪的好……"说完，他便完全忘记了沽名钓誉之事，而后
也一直居住在那片他早已适应了的土地上。

　　伯斋所铸造的作品中，有一件非常精美的作品 —— 芦
屋釜。其韵味不逊色于过去的名家之作，某位茶人对其爱
不释手，便向伯斋订购了两件一样的作品。

　　茶人想要把价格定下来，便开口问道："价格方面，与
之前相同吧？"茶人之所以这样问，是因为几百年前千利休
曾经说过，研钵破损又如何，茶的本意乃茶汤及时入口才
是。千利休所言极是，即便研钵破损也无妨，重要的应当

　　　　　　　　　　　　　　　　　　　
1 ◎釜师: 指专门制作茶道用茶釜的传统匠人。

是茶汤本身，所以茶具应当尽可能便宜才好。

可是伯斋的回答却出乎意料 —— "那可不行！这只釜
与之前的作品相比丝毫不逊色，更加有韵味，故不得定以
与之前相同的价格。尽管您订购了与之前采取了同样工艺
的东西，但价格相反比之前的作品要高呢。"

茶人满脸疑惑地问道："这是何故？"而伯斋则干脆地
答道："因为我不喜欢制作一模一样的东西！"

还曾听闻一则故事。美国大北方铁路时任社长的路易
斯·希尔某日在冰川公园散步时，在微微昏暗的树荫之下
看见一位年迈的印度老人，只见他正在用随处可见的木片
熟练地雕刻着一头红褐色的熊。希尔停留在他的身边。紧
紧地注视着老人的动作。这大概是因为所有的外行人都会
想要窥探艺术家的创作现场吧，人们总是坚信能从艺术家
的手上看到魔术般的种子。这位印度老人在铁路公司的老
板眼中，俨然成了一位艺术家，从他运用小刀的动作中逐
渐浮现出了熊的头部，紧接着又出现了尾巴，看起来十分
引人入胜。

希尔一边注视着这一切，一边在脑海中浮现出了一
个主意。他想，假如能将这个熊装饰到铁路公司所经营
的酒店、公园的休息站等各个地方的话，会多么地赏心悦
目啊！

"老人家，这个多少钱？"

社长举起自己的拐杖，指向刚刚雕刻好的熊像问道。

"一个五美金。"

印度人一边继续用小刀雕刻着一边回答。

"我想要订购两三百个呢。"社长摆出一副救世主般的姿态，对眼前这位外表寒酸的老人得意洋洋地说，"假如我要订购这么多数量的话，你一个卖给我多少钱呢？"

老人第一次抬起目光，望向这位犹如白桦树一般伫立在自己眼前的绅士的脸，老人的目光中显出了些许的疑惑。

"一下子订购那么多的话，大人，这就要卖七美元零五分一个了。"

"七元五分？这是为何？"

"因为我一想到要做两三百个，就觉得很厌烦呢。"

折纸——

中勘助

我与妹妹一起做着折纸玩耍，
圆窗外年轻的象鼻木林立，
向沙地上投射出沁人心脾的蓝色倒影。

我永远不会忘记曾经与妹妹一同经历过的那个海岸之夏。在那片松树林之中，嗅着潮水的香气，听着那起伏超过松树的海浪拍打在岸上的声音，我与妹妹一起做着折纸玩耍，圆窗外年轻的象鼻木林立，向沙地上投射出沁人心脾的蓝色倒影。妹妹用她那肥嘟嘟的小手指摆弄着折纸，一边叠纸，一边将自己那微胖的脸微微侧过来，童言无忌地自说自话。她的头发看上去很有光泽，扎着椭圆形的发髻，还别了一支浅色的珊瑚珠子发卡。桃色的纸鹤、蓝绿色的麻雀……她拿起自己做的折纸，一个一个向我展示。我对着妹妹，一边嘴上附和着她，一边折着纸，最后总算折好了一朵莲花和一只小帆船……

现在我手边的这串折纸便是为了纪念彼时所留下来的。蓝色、黄绿色、枯叶色叠加在一起，形成条纹状，看纸串的边缘能自然地联想起女孩子所穿戴的博多织[1]腰带。你看那耀眼的郁金色是待宵草的颜色啊，记得和妹妹一起播种下

1◎博多织：日本福冈县博多地区特产的传统纺织物，与西阵织、桐生织并称"日本三大织物"。

它，就仿佛在昼夜昏睡的黄昏女神的梦境中一般，朦朦胧胧地绽放。而这抹紫色呢，是碧竹草，它是萤火虫的心头好，也是我的所爱。……我单单注视着这些颜色都感到快乐不已，一直盯着它们的话，那些颜色仿佛要被我吸入眼底似的。

自打我开始会拿笔之后，我就一直喜欢画画，我求姐姐将她用剩下的装口红的碟子赠予我，我先是涂抹到自己的嘴唇上，之后便将碟子边缘那闪着蓝光的红颜料融化开来，去画牛虻和蜻蜓。不久之后，我总算请大人给我买来了画具箱，一整天我都把自己关在房间里，临摹插图本上的图，当没有临摹对象、脑海中也浮现不出具体对象的时候，我就会把各种不同的颜色混合在一起，为颜色组合后所产生的新颜色所吸引，感到不可思议。或者将深色的颜料滴入水中，只看到变成了云的形状、怪物的形状，最终沉入水中。而眼前这美丽的彩纸，最终还是会落入妹妹的指尖，被折成纸鹤或者麻雀吧！

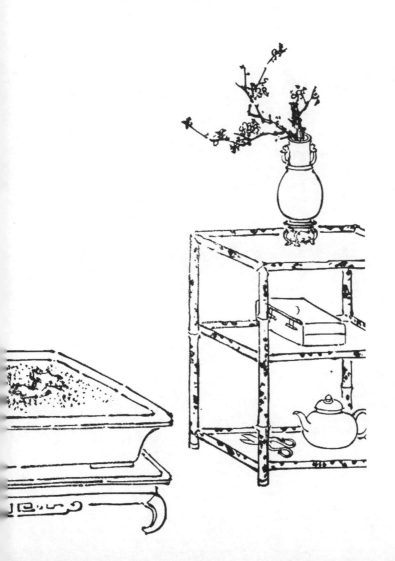

第四辑 ※ 雨过天青

吧

看见美，懂得美。

每个人的鉴赏能

力或高或低，最终

都一定会做出与

之相对应的选择

陶器读本——

小野贤一郎

我对于瑕疵的态度十分坦然，
希望自己对此能有一颗宽容的心。

陶器的历史

陶器历史之悠久，即便进入考古学的范畴也遥不可及，并且，我对历史并不精通。在过去的某些时代，陶器曾经是十分尖端的存在，懂得烧制陶器之人曾经被尊称为"瓦博士"。记忆中曾在小学的历史课上听闻"瓦博士"从百济国[1]远渡而来。随着时代的发展，瓦博士曾受到权力阶级的青睐，成为位高权重之人；也曾沦落为一介普通的劳动者，与陶轮[2]一同挤在山间的破败屋子之中，被时代所遗忘。

眼下的昭和时代，国运昌隆，人们也开始乐于研究起那些过去被茶人们把玩的器具，即那些被称为古董的东西。过去一直被闲置下来的东西现在受到人们如此的追捧，实在是很不可思议。人类降生于世，离开母乳的养育之后，一日三餐皆与碗息息相关，有着不解之缘。再看看人类周

1◎百济：又称南扶余，是古代朝鲜半岛西南部的国家。

2◎陶轮：也称陶工旋盘，一种可以旋转的盘面，用于成型圆形陶瓷器皿的工具。

围的环境吧，某位林学博士曾说："给予人类最大恩惠的东西当数植物。"的确，人类的生活中充斥着由木材所制成的东西，房子、书桌、衣柜、餐桌……除此之外，还有铁和铜等金属类的东西也同样重要。接下来，生活中充满着大量的陶器，这也是一个不争的事实。并且，陶器与人类生活相交织时，总是伴有一种特殊的美丽，能够使人感受到某种共鸣。

有的人用心钻研建筑，有的人热衷衣着……在这些事物之中，与我们朝夕相伴、不必在物质上付出过大牺牲、能够供人们赏心悦目的东西，首先应当推举陶器一类。说到这里有的人脑海里会浮现出价值高昂而贵重的茶具、茶杯一类的物品，但我需要申明一下，那是本文讨论范围之外的东西。接下来我想就陶器发表一些极其浅显的观点和见闻，自不用说，这不过是我个人的见解，不抱有任何不轨的意图，更无教育甚至指导他人的意思。一切都是出自我的求知欲望，并且将自己的想法改写为文字，这不外乎也是一种"学习"吧。

观赏陶器之法

那么，究竟应该以怎样的方法来鉴赏陶器呢？一般情况下叙述方法问题，都需要有严谨的顺序，但由于我的身份是报社记者，在忙碌之中抽出空闲的时间来创作本文，

所以语言的组织也许会比较杂乱。我会任由自己的思绪发
展，而后将其记录下来。

另外还有一件重要的事情需要申明：我这里所说的
"陶器"指的是上过釉药³的陶器，后文的叙述中也许会引
用到中国汉代时期的瓦器和日本的祝部土器⁴，但这里必
须首先明确，我的探讨对象依旧是"上过釉药的陶器"。

时代

○了解不同的时代背景

欲鉴赏美术工艺品，须了解其创作的年代。这是任何
人都了解的常识，但实际运用起来的人却少之又少。很多
人都说，单看器具本身足矣，只要了解器具本身就够了。
但我想说，假如了解过那个器具诞生的时代背景的话，一
定能够加深观赏者对器具的兴趣，提高观赏过程的品质。
尤其是假如能够了解到创作年代的具体情况的话，人们对
于器具的鉴赏一定会更上一层楼，创作背景清晰可见，能
令人身临其境，仿佛置身于那个年代，与其共同呼吸。

奈良时代到平安时代，漆艺盛行，进入镰仓时代后逐
渐衰退，进入了一段黑暗的时期。之后的室町时代末期一

3◎釉药: 一种覆盖在陶瓷制品表面的无色或有色玻璃质薄层。
4◎祝部土器: 日本古坟时代遗迹中发掘出的陶质土器。

直到安土桃山时代，江户时代初期，茶道兴盛并得以发展。尤其值得一提的是征战朝鲜在当时甚至被称作是"陶器战争"，对日本之后的陶瓷工业带来了深远的影响。江户时代末期以后，茶道衰败，陶器也随之开始堕落，走向了仿制品的道路，民间开始流行一些似是而非的荒诞技巧……明治维新时代之后，更是一味崇洋媚外，以一副出口商品的姿态示人，十分谄媚。

总之，假如不了解年代背景的话，人们便会自然地认为陶器的形态特征完全是出于偶然，散漫无边。为了避免出现这样的情况，我希望读者们能事先熟悉陶器所诞生的时代。

○室町时代的茶道

进入室町时代以后，信奉禅学的僧侣与茶道甚是亲近，说起茶道，总是飘浮着几缕禅气。碗里盛满饭，茶杯里斟满茶，这便是人生幸福的最高境界。所以当时茶碗的形态呈现出钵的形状，想必是寄托了这一信念。安土桃山时代奢华之至，江户时代社会变迁……这些历史定会在陶器上反映出来。仁清、光悦、乾山等名家陆续登场，说到底他们也是各自时代下顺应而生的人物。有的人看似从时代中逆流而上，其实这恰恰体现出了其与时代的联系之紧密。也就是说，了解时代就是了解陶器，这对鉴赏陶器来说是必要的条件和前提。

○陶器的寿命

陶器比人类更加长寿。纵使骨骼微微破损，也能够被保存下来。与人类一同埋葬于泥土之下，陶器依旧维系着自己的生命。要说起那些传世之作则更是在经历了时代的沧桑与变革之后，呈现在现代人的眼中。伴随着历史的进程，当时收纳陶器的袋子、箱子，箱体上的文字，绳子，甚至是箱子上贴着的一张纸……这些东西都在向人们讲述着陶器诞生时的时代物语。

○历史标本

传世之陶器作为文化史料，被人们大量地积攒了下来，包括出土时的陶器碎片也被完好地保存了下来。陶器的形态代表了它所诞生的年代特征，陶器的质地则告诉了人们其诞生地的情况，还有陶器表面的文字和图案讲述了时代的文化……总而言之，陶器作为历史的展现，可以通过陶器来考察过去的文化、交通、民族交流等诸多方面的历史。

形

外形，即姿态，为鉴赏之第一要素。哪怕是未上过釉的土器和瓦器，首先映入眼帘的也是它们的姿态。外形之美，是重中之重。这不论是对于价值连城的茶叶罐，还是价格低廉的土制瓶子来说，都一样。

○时代所孕育出的线条

你看那外形的曲线和弧度，归根到底还是与它诞生的时代有关联，就像从娘胎里带出来的一样。这是时代所孕育出的线条啊。就用一只茶碗来举例吧，最早在中国宋代时期诞生，然后在日本镰仓时代东渡而来，之后便有了仿制品，并成为禅家饮茶的器具，再后来被用作喝茶的茶杯，于是逐渐成为庶民阶级的日常杂器用品之一。从这样的推移过程来看，很明显茶碗最初的形态是天目茶碗[5]的造型，之后随着各个时代的变迁，被用作各种各样的用途。再看看茶杯吧，人们不能得知它在诞生之时是否就是现在茶杯的式样。一开始用来盛菜的器皿逐渐变化，后来变成了圆筒形的茶杯。还有被称为"狂言袴"的像手一样的筒形茶杯——象嵌青瓷，它的诞生之际是否就被当作圆筒形茶杯来使用，我们同样不得而知。眼前的所有器具，它们在过去有着不同的形态和与现在不一样的用途，也就是说日常生活中那些平易近人的低价物品，它们的诞生和演变过程绝非一朝一夕可以实现。

5 ○天目茶碗：源于中国宋朝的一种茶碗。

○土瓶之盖

总之，光看器具外形的精妙之处就足够令人愉悦了。人们在鉴赏其外形时，一定要将创作的年代背景了然于胸，那么不论是价值十钱的旧土瓶，还是一个小小的土瓶盖子，都定会对其产生浓厚的兴趣。

这个在古窑中发掘开采出来的盖子，大概是一只土瓶或者壶的盖子，由于做工不精所以被人所丢弃。就单单看这一只，它的外形也足够吸引人了。工匠先用陶工旋盘将其塑形，之后捏出整体的曲线，最后为其安上把手。仔细观察这个把手，现在的人很难轻易做出这种水平的工艺，但这在过去人的手中却是轻而易举，并且可以大量生产。虽说这只是为茶壶加上一只"耳朵"，但此耳也分充满力量的耳朵和软弱无力的耳朵，简单的一只把手也能够尽显技艺的高低之差。接下来再将盖子翻过来看看它的里面，看起来就像茶壶的底座一样被打磨掉了多余的部分，但你看那打磨技艺之平易近人、之深邃入骨，有了陶盘的帮助，它看起来就如中国宋代出土的茶壶底座一样精美。这仅仅只是从土中发掘出的一只小小的盖子罢了，但从它的身上我们依旧看到了无限的情趣，美得我难以用语言表达出来，更别说完整的成品该会多么令人震撼了。

○底部的涡状纹理

以上是对盖子形态的描写，这区区一寸之大的盖子也足以令人赏心悦目。这些盖子是随着那些价格高昂的茶罐、水壶以及茶碗一同被制造出来的。也许当年它们被奉为传世之作，被置于金殿玉楼之深处，经过几百个春秋的交替，最终被掩埋到了杂草之下，那些出土的碎片便是如此。还有那些被称为名器的东西，本质也是一样。所以，不论是破片上的涡纹，还是高贵茶罐底部的涡纹，它们的美丽都是一致的。这些碎片上的涡纹来自砚水壶、小壶、盘子的底部。这些涡纹看上去如此精致，如此巧妙，即使和那些名家之作、有名的茶罐比起来也丝毫不逊色，这些美丽的细节也不可错过呢。

○对线条的认知

虽然刚才我已经讲到了陶器底部的涡纹，但没有提及外形的全貌。关于外形我没有必要再做一次详细的说明和解释，因为接下来我们一起观察线条的走势便能对外形有所认知。你看陶器的开口、肩部、肩部以下一直到腰部的凸起，紧接着又是一段曲线，最后是底座，线条的流动使得陶器看起来既温柔又强韧，既严肃又潇洒。这是一种均衡的美，以及不均衡中能找到平衡感的美。这是陶器的仪态之美，对组成陶器姿态的线条之美的鉴赏能力，直接决定了一个人鉴赏水平的高低。

也就是说，一只小小的茶碗，也能给人以广阔天空般的高远意境，它拥有着大气的曲线走势。再者，体积再大的茶碗，有时候也会令人觉得狭隘和不自在。这都取决于线条所发挥的作用是大是小，是强是弱，是冷还是热。

这里所说的线条，并非平面空间中的线条，而是立体空间中的曲线和弧度。我们对陶器之形态的鉴赏随着对线条的认知水平，时而浅显，时而深入。这里所说的"对线条的认知"指的是什么呢？展开来讲的话，会变成一场喧闹的讨论，而最终还是会回到这样的结论——去接受线条所发出的暗示，人们根据自我的性格、思想以及理论基础做出相应的投射。所以对陶器的鉴赏总是各不相同、独具个性，相应地，人们的收藏品亦个性十足，从中不正可以窥见收藏者们拥有不同的感受和知识吗？

同时，我们也大可不必为买不起名贵的器具而感到可惜，因为你看这一只小小的土瓶盖子的碎片，都能够带给我们无限的情趣，不得不说这是上天给予我们的惠赠。所以，不论眼前的东西是盖子也好，廉价的酒壶、灯油碟、盛菜碟、土瓶、大碗、单嘴钵子、小碗也罢，只要看到时代降临在它们身上的姿态，那你就开启了鉴赏陶器的第一步。

釉

○釉

陶器的外形固定好之后，就需要进行装饰，即为其表面增添图案，上釉药。关于图案，从日本旧石器时代的作品到绳文土器，被命名以不同的名称，图形也各不相同。也有在瓦器的表面涂上彩色图案的作品。比如中国汉代的瓦器，如今依然受到追捧。而对于陶器来说，首先是依靠釉来做装饰的。透过釉药的质地，陶器变得与我们更加亲近了，釉使得陶器的外形更加优美，令器具具备了一种更加浓厚的韵味。

　　随着釉彩的变化，陶器又增添了另外一层浓郁的意境。烧制陶器的人也随着釉药的变换，感到了制作的乐趣。

　　○窑之神秘

　　釉药的主要成分是矿物质，通过媒溶剂的作用与胎土融合，并在其他多种多样的条件之下，方才能够熔化。釉药在陶器的表面熔化，发生化学反应和变化，这也为陶器增添了一分神秘的魅力。即使选用那些人们眼中品质上乘的釉药，但如果遇到以下的情况，釉的显色就会不完全，比如媒溶剂的温度不合适，或者胎土与釉药无法融合、火力大小不合适、器具摆放在窑中的位置有所偏移、釉与土相互排斥、溢出、釉从器具表面剥落等等。也就是说，在这些情况下釉起到的装饰作用是不完全的。但在这不完全中也可能萌生出一种别样的景致，造就一件别致的器皿——这可以说是窑中的神秘之处。我常把这个现象称为"窑中庄严净土"。窑中的世界别有一番天地，仅靠理论是行不通的，正是这科学无法完全解释之处才最为有趣，这是一股神秘的力量。

再比如，焚火之时必会扬起灰尘，灰尘与窑中的火焰一同乱舞，而后降落于器具之上，在器具的表面两者又互相融合在一起，互相运动起来，结果产生了意料之外的釉色，有时还会因为火候的不足，却误打误撞地诞生出了"志野烧"[6]这般清净的器物。

同样以铜为主要成分的釉时而呈现出蓝色，时而呈现出红色，铁、锰、长石等不同种类的矿物质会随着外部条件的改变而产生微妙的变化。这就是釉的有趣之处了，同一种颜色的釉药，接触到火的部分和没有接触到火的部分，会展现出两三种形色的变化，创造出各式各样的景致。

过去的茶人们，用溢美之词赞美釉，将其作为风雅的象征，乐于鉴赏釉之美。釉的千变万化，是陶器身上的重要属性之一。

○图案

除了釉，人们还运用图案来装饰陶器。在为陶器上釉之前，用拢子一类的东西、钉子或者篦子制作出被称为

---

6 ◎ 志野烧：日本的陶器，通常是质地较粗的陶器，诞生于16世纪，现今日本岐阜县的美浓国。

"梳纹"或"镶嵌"样式的图案。有的会在图案做好之后再上釉，像云鹤茶碗那样，先雕刻出模子之后再以白泥镶嵌，最后再上釉。再者，"釉彩"指的是用铁、钴蓝釉在器具表面画好图案之后，再涂上釉。绘高丽、青花瓷[7]、辰砂[8]等物便是如此。而日本的乐烧[9]一类的软陶制品则是将多种色彩置于玻璃釉料之下而制成的。

○釉上彩与釉下彩

在釉层之下绘制图案的工艺被称为"釉下彩"，而在釉层之上绘制图案则被称为"釉上彩"。赤绘[10]便属于釉上彩一类，即在釉层烧制好之后，再继续入窑，利用低温火焰将图案定型。除此之外，还有同时采用釉上彩和釉下彩两种装饰方法的陶器。

不论是釉上彩还是釉下彩，绘制出的图案都是为了使得器具本身更加美丽而存在的，这不容争辩。一方面使得器具变得更加美丽动人，同时也可以修正器物本身的不足。比如"刮面"这种方法，常见于李氏朝鲜时期出产的壶类和瓶类，当时的工匠将器具刮出六个或者八个面，以特定的角度起到装饰的作用。原本只需要这样就足够

7◎青花瓷: 源于中国、遍行世界的一种白地蓝花的高温釉下彩瓷器。因当时从高丽时代的墓葬中大量出土，故江户时代被误以为是朝鲜所产。
8◎辰砂: 这里指的是朝鲜白瓷的一个种类。
9◎乐烧: 桃山时代最具代表性的茶碗之一。
10◎赤绘: 一种陶器的装饰法。

了，但工匠们继续以钴蓝釉或者铁砂（黑色）或者朱砂（红色）在上釉之前作画。也就是说多面体原本就能起到装饰作用，人们又在此基础上添加了图案，为各个面展现出不同的变化，以这样的方式进一步强化了刮面技法的独到之处。

另外，也有为了补足器具的缺陷而存在的装饰法。回望高丽青瓷的诞生以及中国青瓷的技法传入日本，当时由于胎土和釉药的差异，所以最终无法达到中国青瓷的美丽程度。比如"雨过天青"那样充满神秘感的颜色便无法企及，当时日本制的青瓷表面看起来总是像老鼠的皮毛一般，灰蒙蒙的。于是，当时的人们为了弥补这个缺陷，就开始在其表面绘制图案，用刷子蘸上白泥，做出刷子印儿一样的花样，还有作为镶嵌装饰的云鹤瓷器所使用的手法，以及将以上装饰法合并起来一起使用……各式各样的装饰法百花齐放，十分发达。日本制的陶器也一样，有的时候也会为了补足缺陷而发明出某种特定的装饰法。

○伯庵茶碗

我不知道这个例子是否恰当，看看人们经常谈论的伯庵茶碗吧，它大概是诞生于濑户内海一带，人们看了它，比起"美丽"，更愿意用"杂器"来称呼它吧。伯庵茶碗的特色很多，最大的一个特点是铜或铁在它身上的显色效果——海鼠釉的向下流淌。这原本是红、蓝或白色的一种非常有趣的显色效果，釉药流淌进入茶碗的内里，形成一条绳子状的斑纹。当然这条绳子状的斑纹也许是在转动旋盘的时候，细小的沙子或者其他物质附着到了茶碗的表面所形成的瑕疵，于是，由铜或铁成分而形成的颜色偶然地在这里显色，于是出现了斑纹，还有可能是工匠故意为之，我们无从得知。在某个位置出现了缺陷，为了消除这个瑕疵，所以将提前预备好的、含有铜或铁成分的合成浆涂抹上去，于是呈现出了别致的颜色。以上皆是我个人简单的推测，没有任何的证据，此处我想要表达的是，这些为了修正缺陷而存在的装饰，不又构成了一道风景吗？当然，并不是所有的伯庵茶碗都存在这样的情况，只是部分作品给予了我想象的空间罢了。

朝鲜南部出土的钵器底部被填以铁釉。想必这是因为当时在削制钵的底部的时候，因为某种原因产生了瑕疵，于是将身旁配备的铁釉涂抹了上去，于是便完美地遮盖住了瑕疵。在出土的作品中发现了很多这样情趣别致的作品。这也是一种缺陷的补足。但请注意，这里所有的缺陷的补足手段，并非一时兴起，本质上来说均是质地和釉药或者是外形上所产生的缺陷，为了将其修正，于是借用了釉上彩和釉下彩等制作工艺的力量。

釉药的变化、窑中的神秘力量、黑釉、黄褐色、黄色、织部烧[11]、志野烧等，以及其他所有釉色的产生动机和时代背景，都引人入胜，值得深思。譬如黄濑户[12]所呈现出的黄色会随着时代的推移而发生微妙的变化。黄濑户一开始并不是正黄色，首先发现的是自然的淡黄色，之后的作品被认为是对此淡黄色进行了强调处理。再往后一直到现代的黄濑户所涂的釉药的变迁则又是另一部历史了。正因为受到时代的喜爱，这样的设计才得以流传千古。然而，黄濑户诞生的初始时代那些故意而为之的精美之处逐渐淡去，黄色变成了主角，不断地向市场侵袭和扩张。另一方面，媒溶剂也是一个问题，譬如过去使用了某种木炭灰，而如今那种树木已经消失灭绝，或者很难搞到手，于是工人们都说"不论你再如何勉强都不可能做出过去那样的黄色"。现代人明明知道过去所使用的媒溶剂是炭灰，可是以当今的科学技术依旧无法还原出来，这正体现了陶器的有趣之处。

○陶工旋盘

人们转动旋盘为陶器定型。如今的旋盘非常地机械化，旋转速度很快，不像过去的旋盘那样只能慢吞吞地旋转。工人们又抱怨说："假如不给我找来一个晃得咣当响的老式

11 ◎织部烧：桃山时代发源于美浓地区的陶器。
12 ◎黄濑户：安土桃山时代在美浓地区濑户窑中烧制的一种施釉陶器。

旋盘的话，我就做不出过去那样气定神闲的作品。"看来我们必须要思考，这是一个老式旋盘也能追得上的时代啊！

古董

○传统

古老的东西指的就是传统。那些被称为名家之作、惊世之作的东西，除了其本身的优良之处，作品的古董价值也是受到敬仰的。一件古董的历史清晰地告诉了我们这件器物所诞生的因缘和契机，与之相关的逸事、附注等等，都被精心地记录并流传了下来。当人们听说一个茶罐子价格上万的时候，总是难免感到惊奇。这是因为除了商品本身，还附加了古董的价值。随着欣赏视角的转变，我们这样的贫穷之人也并非不能享受古董所带来的乐趣，这取决于每个人内心的感性程度。几万元的茶罐也好，如今只值五十文钱的茶罐也罢，它们最初也许是用了同样的胎土，在同一个窑中，接受了同一场窑火的洗礼而诞生的。濑户古窑中出土的陶器碎片与如今被奉为举世名作的茶罐，也许正经历了这种情况。一方得以流传千古，一方则因为破败不堪而被丢弃在了窑洞的附近。假如没有遇到伯乐，陶器便会终生流转于庶民阶级，在僻静的背巷中被旧货商贩倒卖，至今被尘埃所覆盖。追溯出身的话，它们也许和那些名物同出一窑，但命运各不相同，有的会受到世人的认可，有的则与世人无缘。

　　被奉为名家之作的陶器美得恰到好处，同一个窑坑中出产的其他器具也并非缺乏魅力。其中的某一件器物成了幸运儿，被位高权重之人看中，恰逢战国时代用于赏给功臣们的土地资源不足，又恰好一些勇猛的将士醉心于新兴的茶道，于是将茶罐作为土地的替代品以分之。也就是说，那些茶罐一跃成为价值连城的物件，随后最初的主人逝去，又流转到他人之手，新任的主人死后又传到下一任之手……就这样，茶罐经历了各式各样或悲剧或英勇或风雅的人生，而记载了这些历史的文献也一起流传下来，于是到了今天，人们便为其附上了高昂的价格。但假如主人沦落得一贫如洗，尽管主人地位卑微，而那些与名作沾亲带故的茶罐或者茶碗也会得到珍藏，被置于隐蔽的地方，与主人那些绫罗锦缎的两三套和服一起，被完好地保存下来。

　　人们遇见某些富贵之人，经常说："原来你的出身与我等一样，不过是破败不堪的茅草屋，何必虚张声势！"同比之下，也可以将这句话放到陶器身上。先申明在这里我不就世代传承的感情因素方面的审美做评价。去除感情方面的因素，不得不承认出土的碎片表面粗糙，不如那些历经数百年被人们所爱护、所呵护的陶器表面那般润泽和美丽。但哪怕是一片小小的碎片，或者那些陈列在商店里残缺不全的、只剩下一半乃至四分之一的作品，都不该被轻视。

陈旧——在这里是古老的同义词，古老的物件身上的独到之处是无法用昂贵的金钱来衡量的。它们所诞生的年代有其独特的工艺，是当下的时代无法模仿和超越的。而鉴赏这些古老的物件，又何尝不是我们赋予的乐趣之一呢？只要提前了解其创作的时代背景，认识到器物之形态美，掌握了釉彩的优越性，在此基础上再增添一丝古典的气质的话，那么人们便可以省去高昂的代价，以合心的资金购得一件好物，去享受这份清净所带来的快乐。

以上的内容所指的是出现作家落款以前的古老年代，或者指那些厨房用的、没有添加落款的杂器一类。曾有人发现农民们用来装种子的壶如今价值千金，即便不抱有这样的侥幸心理，在农民和渔民的工具之中，也能意外发现很多既古老又独特的东西，还有，在偏僻村庄的小店中，也能有幸邂逅一些历史悠久的器具呢。

○落款

接着我想就"落款"进行一番讨论。落款一般见于器物的底部或者瓶身部位，也有的单独将落款置于盒子中。落款是作家的个人象征，自古以来一直受到人们的重视和追捧。关于落款的作品，赝品甚多，越是有名的作家越容易出现来路不明的仿作。如果过分沉迷于作家的落款，那么很容易掉入拙作连连的仿制品怪圈之中。所以希望大家不要被落款夺去了注意力，而是应该分辨出那些本质上优良而古老的陶器。这听起来十分困难，但倘若多看、多查阅资料，同时心中明了时代背景与器物之间的联系的话，一定不会被赝品所瞒骗。倘若非要以落款作为判断依据，那么还是应当将时代背景置于脑海之中，以"时代的文字"和"时代的印章"的眼光来看待，这才是最困难的地方。模仿得再好，也很难复制出过去那些时代下篆刻的文字。人的血液中流淌着时代的印记，模仿终归只是模仿，字体间总会留存着几分虚伪，我这里指的并不是字本身，而是字体带有的气质、作者顿笔之处的区别。用毛笔、竹片以及钉子书写或篆刻的文字，仿作总是令人感到空虚而虚假。作者按下的印章亦是如此。不要单看印章的形状，多多留意捺印时的气息和气场，真作家与假作家终究还是有着微妙的不同之处。一件好的器物，一定也有好的落款和捺印，只要心存这个观念，判断便大抵不会出错。

　　○认识作家

　　写到这里，也许读者们会感到此人高高在上地叙述着陶器的鉴定方法，而事实上我并无此意，我仅仅考虑针对个别作家的作品进行讨论。假如对某个特定的作家的作品了然于胸的话，对该作家抱有的某种感情因素会对鉴赏过程起到帮助，同时更能增添鉴赏的趣味性。首先了解该作家所处的时代和派系，而后了解作家的故事、擅长的技巧，结果就定能从作品之中品尝到别样的风味。其中，比起现在还在世的作家，过去年代的古董作品给人的感觉更加清澈。我这么说可能会引起当代作家们的不满，但有的时候深入了解一个作家，并不会带来好的结果，这不仅仅限于陶器，书画类的鉴赏亦是如此。在与作家"会面"之前，曾将该作家的作品悬挂在壁龛之中，爱不释手，当了解了作家的真面目之后，突然对作品也厌恶了起来……以前经常听到这样的故事。心怀深远之人与作家进行接触尚且还好，而心胸狭窄之人就很容易出现上述的情况。

当然，作家也是人。但说到艺术家们，由于他们潜心钻研艺术，所以难免有些艺术家拥有着异于常人的特质。譬如感情波动剧烈、偏执狭隘、顽固不化、不信守约定等等，从常人的角度进行评论的话能够说出各式各样的特征。所以深入了解作家有可能会造成非常糟糕的印象，也有可能带来极好的感受。这实在是很难办，在作品之外的人与人的接触，处理起来十分棘手。作家本人与鉴赏者相遇，相处顺利的话双方都会热情无比，然而关系恶化起来的话，便会彻底颠覆之前的友好关系。在器物之外与活灵活现的作家接触，站在某种角度上来考虑也许会非常有趣，但有的情况下也会变得十分糟糕。

这样说来，古董就显得很安全了。因为作家生活在过去的年代里，现实里人们能接触到的只有器物本身。即便得知一些作家的逸事，也不过是"那个作者冥顽不灵""这个作家严格得就像一个狂人"之类的说法，听到这些人们脑海中只会远远地浮现出作家的性格特征，就像在舞台底下隔着幕布观看作家的生活一样，有时还能为鉴赏增添几分趣味。所以人们鉴赏古董时的态度，比起鉴赏当代的新生器物时要冷静得多。人们能够冷静地分辨出器物的好坏。于是，人们在冷静而舒适的鉴赏之中，可以根据自己的财力，自由地选择鉴赏对象，这何尝不是另外一种乐趣呢？

触

○手捧器物

用眼睛观察陶器，之后再亲手去触碰它——这对于鉴赏而言非常重要。在茶道中对人们手持茶碗的手势有着严格的要求，这是对陶器的尊重，同时也是为了防止不小心将陶器摔落而制定的礼仪，然而我认为，这背后的真正目的或许是在于希望人们能够充分享受陶器所带来的触感。亲手去触碰它们，定睛观察，仔细地鉴赏陶器的角角落落。以这样的方式去感受陶器的品质，对鉴赏来说当然是一个非常重要的前提条件。我们一定不能忽略接触各式陶器时的触感。

经常看到很多器物前挂着"禁止触摸"的牌子，面对这样的器物只好止步于肉眼观察，只好看看其外形以及装饰，底部重要的部分则无从得知。那些陈列在博物馆中的东西也是一样，长次郎[13]的"玄翁"茶碗也好，仁清的茶叶罐子也罢，其底部的稳固性、力道、土质等重要的方面都无法看到，这的确是一个不小的遗憾。

○玩味陶器

寒酸的酒壶、粗茶碗都值得过手把玩，这是鉴赏重要的条件之一。不单是为了测试其质量的轻重，通过亲手抚摸，能够收获无限的亲近感，捧之于手心，顿时心生无上的敬爱。这些都是玩味陶器的必要条件。"禁止触摸"不行，应当改为"欢迎触摸"。

土质

关于青瓷方面，中国宋代的青瓷作品会直接展示出所用的胎土质地，同时也有很多陶器作品将原本的胎土掩盖了起来。这里暂且不提中国明朝的瓷器（红绿彩、青花），宋代诞生的陶器在中国历代是最具艺术性的，同时它们也与现代日本人的性格十分契合。宋代陶器的制作风格飒爽，并且很好地向人们展示了土的质感，精美得令人嫉妒。

朝鲜、日本等地出产的各式陶器也会很好地向人们展现出所使用的土质。朝鲜的土质有着南方、北方、中部

13 ◎长次郎：这里指初代长次郎，代表了日本安土桃山时代的著名陶工。

地区之分，日本也是如此，不同地区的窑出产的作品土质
也不一样。而土质也是欣赏地方特色时的一个重要衡量
标准。

　　土的质地，区别甚微。首先，需要了解土的特点。过
去的陶工们背负袋子翻山越岭，寻觅不同的土，将其填满
袋子后背回，浸于水中之后，用来烧制陶器，花费了极大
的苦心。陶工们就这样一点一点拼凑自己的梦想，为了无
限接近自己理想中的陶器，最重要的就是要找到合适的土
壤。接着陶工们会比较这种土质与自己设想的釉药是否契
合，于是陶工开始整顿窑场，选用适合的土壤，研究水流
的影响，考虑作为燃料选择的木材……当这一切条件都具
备之后，陶工们才会放下肩上的行李，开始用窑烧制，但
需要注意实际操作起来并不能用理论一言以概之。对比之
下，当下交通四通八达，人们可以任意搬运自己想要的土
质，但过去不是这样的，我们认为过去的地区分类大体上
是通过土质的不同来区分的，实际上也的确如此。但也存
在例外，过去的大名将军[14]利用自己强大的权势，使用舟
船等工具，将领地之内的土壤搬运往来，同时也会命工人
偷偷潜入其他藩主的势力范围，把那些地域的土带回来，
这也是一种方式。所以，刚才所说的以土质来区分陶器的
产地，也未必百分百准确，但假如大致了解当地的土质情

14◎大名：日本封建时代对一个较大地域领主的称呼。

况，在此基础之上拥有一些釉药的相关知识，清楚制作手法的变化的话，那么对于陶器是如何诞生的这个问题，就能有一个清晰的认知。

○制作工艺

了解土质，品味土质特色，是非常重要的。

接着要说到"工艺"的问题，前面我已经提到，日本主要接受了朝鲜传承的制作方法。朝鲜陶器的筑底方法对九州各窑影响深远，其中尤以肥前地区的土器类最为显著，长州的萩地区、丹波的一些古老的窑址，都流淌着朝鲜系工艺的血液。这不需多言，只要你留心观察很多器物的底部，便自然能够得出结论。濑户烧[15]派系的古窑中出土的那些极其古老的碎片中，很多也能够激发人们的兴趣，看着它们就仿佛是在注视中国宋代的陶瓷器底部一样。

歪

"不"与"正"组合在一起，构成了"歪"。

在制作陶器的过程中，即便想要做一个形状端正的器物，在干燥的过程中也还是会出现扭曲和变形。在未上釉的阶段形状便开始出现偏移，涂上釉药开始进入烧制的过

15◎濑户烧：爱知县濑户市及其周边生产的陶瓷器之总称。日本六古窑之一。

程中，也会出现扭曲。使用旋盘捏制造型的过程中，陶器的大小也会少去百分之二十左右。其他的时候，譬如受到一同入窑的其他器物的挤压、受火候强弱变化影响，在窑中就出现了形态的改变，角度倾斜、凹陷、突出，这些都是自然产生的变形。

过去的人们将这种自然的形态改变当作一道风景，为欣赏增添了几分风情和情趣，人们还为它们命名，讲述其变形的因果关联等等。但时代的发展逐渐走起了下坡路，人们的审美趣味堕落，曲解了此等自然的变形，人们变得不能接受那些没有发生变形的器物。于是人们便开始花费心思，从旋盘的阶段就开始故意制作出变形的效果，使其凹陷、发生倾斜，甚至故意做出很多不自然的凹凸不平。这种低级的审美，不单单出现在茶具之中，甚至伸向了各个方面。这是当下时代的产物，对工艺品带来的影响十分巨大，导致现在目之所及，随处可见这种人造的扭曲。假如将这种人造的扭曲称为千篇一律的造型的话，那么贯穿整个明治、大正时代，时至昭和时代的今天，人们依旧不改这样的千篇一律，这是多么令人感慨啊。

传统的器具大抵为精品。这样说并不全错，同时那些极具个性的作品身上也可见自然产生的变形，但人们却不知道在江户时代中后期，也曾经出现过刻意的、非天然的人造变形的趋势。这样看来陶器最初诞生的年代则显得十分美好，所有的条件都非常到位。

当然我并不是说江户中期以后，尤其是化政时代之后的陶器皆为拙劣之作，如木米[16]，如颖川[17]，单看京都地区便是名家辈出。这些著名的陶工跟随着时代的浪潮，但他们与其他精神涣散的陶工不同，他们振奋精神，将大志藏于胸间。但就整体而言，大众的审美依旧趋于平凡，随波逐流，似是而非地将发生变形的东西误当作是美。

明辨此类"不自然的人造变形"，便可以及时看出危险的信号。这种千篇一律的审美在历史长河中深深扎根，难以击倒。倘若不能将这根"杂草"斩草除根，那么这些低级趣味的人造变形就会永远跟随在陶器的左右。恰如当下张贴在理发店里的俳谐[18]、竞赛俳谐依旧受到人们喜爱一样。

只需要一瞥陶器就能立即分辨出那些故意而为之的扭曲，我希望能够早日摒除这些作品。

残次品

要说起器物，最好不过完美无缺陷。在日本茶道中，哪怕是一丝小小的瑕疵也足以令人精神紧绷，这可以说是一种

---

16 ◎ 青木木米：日本江户时代的制瓷家。他将制瓷技术引入日本，以仿制中国风格的瓷器艺术而闻名。和野野村仁清、尾形乾山并称"京都三大陶瓷匠人"。
17 ◎ 奥田颖川：日本江户时代的陶艺家。
18 ◎ 俳谐：日本平民诗的一种形式。

十分自然的感受。哪怕只是小小的一道裂痕、一个缺口，都会引起人们的注意，器物需完整才行。同时，将有瑕疵的东西呈现给客人也是内心有愧的。当主人把器物递给客人赏玩的时候，假如出现了瑕疵，会给客人徒增几分多余的担心吧，客人心中一定多出些许不安，身为主人实则过意不去。

据说在茶人之间，对瑕疵的接受度亦有着程度之分，在他们眼中有的瑕疵是可以被允许的。比如茶具底部出现瑕疵则可以忽略。我等非茶人之辈，故难以明白其中的道理。还听说过去的茶人们会故意将花瓶的"耳朵"部分切下，借此使器物更上一层。这是一种非常具有气度的做法，我等凡人难以将完整的器具破坏后再次进行创作。这里我们先将这些特别的例子放在一边，因为一开始我们就不可能拥有那样名贵的器物，我们囊中羞涩，没有能力支付价值连城的商品，这实在是非常遗憾。但转念一想，以安然的心态把玩名器便足矣，这不是花重金能够求得的。千利休[19]、远州[20]、不昧[21]等一代茶艺巨匠们没有亲自给予肯定的商品有很多，它们虽然不是名器，但它们身上也一定存在着一些与名器同等的、能够为人们带来喜悦和欢乐的元素。人们都说必须挖掘出那些被世人所遗忘的名品才

---

19 ◎ 千利休：日本战国时代安土桃山时代著名的茶道宗师，日本人称"茶圣"。

20 ◎ 小堀远州：日本江户时代初期著名茶人、艺术家，开创了远州流茶道。

21 ◎ 松平治乡：号不昧，江户时代后期大名，出云国松江藩第七代藩主，江户时代茶道代表性人物。

行，然而更难的则是——人在一生中不一定有机会能够从别人手中觅得自己想要的东西。假如以付给对方的经济价值来衡量的话，我认为应当将目光转向那些有瑕疵的作品。比如我所拥有的收藏品，别说名器了，其实尽是一些瓦片一样的东西，而其中九成有瑕疵，它们身上的瑕疵在我看来虽然略显遗憾，但我并不会觉得有破败的感觉。我对于瑕疵的态度十分坦然，希望自己对此能有一颗宽容的心。

旧货商们将有瑕疵的商品称为"残次品"，那些有着缺陷和瑕疵的东西，表面出现剥痕、裂口等等。众所周知，剥痕指的是青花瓷一类器具上的釉药剥离脱落所导致的瑕疵，而裂口则主要出现在器具的开口部位。除此之外还可以看见裂纹一类。而一旦发现这些痕迹，作品本身便会被统称为"残次品"。

以秋月[22]所作的《寒山拾得图》为例，原画是两幅成对，假设现在仅留下"拾得图"，而不见"寒山"，倘若成对出现的话，则价值高昂；但假如"寒山"不知所终，人们面对单独出现的"拾得图"，一定会给出低廉的定价，并将其称为残缺不全的作品。先不说这样的假设是否成立，我们再用陶器进行类比的话，如果出现类似的情况，那么买家以残次品的价格档次便能够将其收入囊中。接下来，将这幅画作挂起来看看怎么样吧。如果寒山图没有丢失的话，

----

22 ◎颜辉：字秋月，为南宋末期至元代的代表性的道释人物画家。

那一定是最好不过，但如今寒山去向不明，而这反倒能引起人们的兴趣，人们会对寒山的去向加以猜测，始终回味无穷。同时，面对单独出现的拾得，也并不会觉得残缺不全吧，你看那浑圆的气魄，难道不正显示出了秋月的独到之处吗？对于我等贫寒之人来说，不知所终的寒山才更加具有魅力，能够引发人们的兴趣。这样说绝不是出于不服输的心态，换作是有瑕疵的陶器也会是一样的情况。

也许有一些夸夸其谈的成分，但还是来看看我拥有的一些瑕疵品吧。

首先是黄濑户茶碗。它的制作工艺十分古朴，映入眼帘的就是碗身上拓印的菊花图案。假如它的底部没有瑕疵的话，则需要花费千金才能入手，正因为是瑕疵品，所以我才能够以低廉的价格获得它，它也使得我的收藏蓬荜生辉。你看它的胎土、旋盘工艺、釉药，都十分精巧美丽。底部抬高，窑中用来固定陶器位置的底托所产生的焦黑色，其外表既不晦涩又不过分华丽，既不轻浮又不过分沉重，真是一只无可挑剔的黄濑户茶碗。一眼看上去丝毫不会给人以残缺的感觉。不过在过去的茶人眼中，这只"底部残缺的茶碗"也许会令人心生厌恶吧。

再看这只古萩茶碗。萩烧[23]作品中罕有古老的作品，偶尔出现一些也是立即被富豪们收入囊中。而仅仅因为

---

23 ◎萩烧：日本传统陶器，起源于山口县萩市。

其底部出现了瑕疵，人们得以用低价就将其纳为日常的用具。即便不用它来沏茶，用手把玩它，去注视它，也能够品味出千金的价值。当然，如果用它来喝茶，也并不会漏水，唯一的缺点就是其底部的破损。这是多么值得称颂的瑕疵啊！

还有安南茶碗。眼前这只陶器是如假包换的安南烧[24]，一名古董商曾惋惜道，"因为器物表面有瑕疵，所以并未将之收入囊中"，其价格也略微高昂。当问及具体定价时，答曰不过是一匹绢绸的价格。这是一只多么难得一见的茶碗呢，无论如何都想要拥有它。假如其表面没有太过于明显的裂痕的话，一定会被某个茶会载入史册，被奉为名品而保存下去。而深感欣慰的是，正是因为表面的裂痕，它才成了我等之人能够把玩的器物。

诸如此类有瑕疵的物件数不胜数，令人感到惊艳，多亏了此类瑕疵品的功劳，我们的生活被装点得丰富多彩，所以我想就此对残次品们示以感谢。

先得之

我常被问到，想要了解陶器，应当从哪一个步骤开始。
我的回答是，从哪一步开始都可以，譬如可以去搜集

24 ◎安南烧：越南烧造瓷器的总称。

酒壶。酒壶在过去的一段时间曾经价格急剧攀升，现在则十分便宜，只有最高点时十分之一的价格。但这并不代表着酒壶本身的价值下降了。换作灯油碟、石碟也一样。处于流行趋势中央的物品因为数量稀缺，供求关系失衡，导致价格水涨船高。赶在热度来临之前，或者热度减退之后再购买，则能够以低廉的价格享受器物带来的乐趣。

酒壶的形态之巧妙，不需要过多的辞藻来修饰。关于如何鉴赏陶器的外形，前文我也已经阐述过。被兼用作茶具的酒壶被认为价值千金，而体形相较于茶具过大的那些壶，则能够以亲民的价格买入。

朝鲜、北九州、二川、上野、黑牟田等地区出产的，还有百间窑址烧制的酒壶极具盛名。另外备前、丹波地区也生产酒壶，其中丹波出产了大量的立杭烧酒壶。再看濑户一带自然也是产地之一，就连东北地区，仙台等类人迹罕至的农村地区也分布着生产酒壶的窑址。这些地区烧制的酒壶造型千差万别，绘高丽的风格、器物表面那像是被刷子刷过的图案、皱纹般的纹理、织布烧风格、赤绘等等，装饰造型多样，不胜枚举。酒壶有着大隐于市的外形，它也一生伴随着人们日常生活的左右。

我收藏了诸多石碟、灯油碟、灯油壶一类的东西，除此之外还搜集了一些普通的碟子，比如略显独特的小盘子、砚水壶、水瓶、单嘴钵子以及小钵等，将此等日常杂器置于手中品味，值得细细研究，其大多价格便宜，但给人带来的乐趣却一点儿也不少。

接下来，我再附上一则对鉴赏来说十分重要的内容。

○一半真理

鉴赏时最重要的真理之一便是"先求之"。花钱买入也好，请别人出让也罢，总之先觅得些许陶器。正如人们常说，不买来看看的话不知道真实情况如何，这听起来虽然很俗气和卑微，但从某种程度上来说，这的确有一半是真理。舍弃自己所拥有的金钱或者物品，去交换另外一件物品，这是非常有必要的一个过程。不，这不仅仅是必要，更是鉴赏陶器的必经之路。有的人节衣缩食，花重金买入一件器物，不论器物本身是好是坏，对购买者的鉴赏水平都有着重大的影响。有的人可能会嘲笑说，所谓的艺术并非如此，但仅仅是远观他人蹑步，与真正拥有器物，孰轻孰重呢？在这里希望大家不要滋生多余的欲望，珍惜和爱护自己拥有的东西，相信这会加速你对器物的理解进程。

价

说到最后不可回避的话题依旧是价格问题。而说起价格，经常会听人们提起，有一次偶然地淘到了稀奇的东西，搞到了一件档次高的器具云云，此处就没有必要继续罗列了吧。

这里说到了"淘"——幸运的话有时能够以低价淘到一件价值千金的好物。然而，这样的贪念却往往蒙蔽了人们的双眼。也许有人会在心中这样想：我从未有幸淘得好东西，一定是因为我的鉴赏能力和品位出了问题。虽然有的人原本并不是将一切都交给"命运"的机遇主义论者，但他们还是有幸得到了一件好的器物；当然也有很多人以恰当的价格获得了一件上好的器物；还有的人恰好得到了自己心之所想的东西，并且很幸运的是价格十分低廉……这些何尝不是各种各样的"运气"呢？

但有时候不论人们多么焦虑、花多少钱，都不能求得自己心心念念的东西。比如"与眼前这个水壶相匹配的茶碗，必须是这个样子，所以必须要得到一只那样的茶碗才行"，人们总是如此般焦急不安。结果尽管情绪上焦虑，却始终与想要的器物无缘相遇。

假如适当拓宽自己的兴趣范围，也许会在某一天邂逅自己感兴趣的好东西。比起那些名贵的东西，经常能够触碰得到、能够欣赏的东西才值得拥有啊。兴趣爱好和视野广泛之人，付以很少的代价，便能欣赏各式各样的物件。这样的人对物品的鉴赏是有深度的。富人掷以千金换来的乐趣，我等人士也可以用一枚铜板就能够享受到同等的快乐。不过在购买器物的时候，我等普通人是通过节俭节约才得来这些铜板和钞票，与那些什么都不考虑就签下一张支票的人的心态是不同的。但相应地，普通人所采取的态度越认真，收获到的快乐也越浓厚，越长久。

　　总而言之，一切都取决于人的视野广度。而视野中心闪烁的焦点 —— 辨别是非的慧眼，必须时常加以打磨。拥有一双慧眼，不仅看到器物的表面，也能够看透器物所具有的内涵。倘若内心空虚，则无法看透对方的内涵所在。那么，要如何才能丰富自己的辨别能力呢？这说到底还是取决于每一个人的思考方式。或者可以根据我前文中所提到的方法来进行提高。我的双眼也经常受到蒙蔽，不见明朗的风景，所以我必须继续耕耘和努力。

　　看见美，懂得美。每个人的鉴赏能力或高或低，最终都一定会做出与之相对应的选择吧。

古陶瓷的价值——
北大路鲁山人

所谓的"创作"，
既需要技术，
也需要理性和智慧，
而真正能够体现出其价值的地方，
还是作品本身的内涵。

　　关于此次展会相关的事情，各位方才已有耳闻，故我便不再赘言。有人拜托我，希望我对大家讲一讲关于古陶瓷如此尊贵的原因，也许我并不能对此阐述得十分到位，但我还是希望借此机会向各位进行一番简单的阐述。

　　我观察到，古陶瓷作品十分地昂贵，一只大的茶杯有一万日元、五万日元、十万日元的档位，有的甚至需要三十八万日元才能买到，这实在是令人感到吃惊。用陶土烧制而成的东西，究竟是出于何种原因，才导致其价格如此高昂呢？这个问题对业余人士来说，是完全无法搞懂的。有的人也许会提出说，购买者究竟是怀有怎样一种病态的嗜好呢？我其实早就察觉到了大家心中的这个疑问。诚然，提出这样的质疑无可厚非。在业余人士的眼中，即便采用黄金作为原材料，制作一只饮用抹茶的大茶碗，大概也只需要数千日元吧，假如换成白金的话，也能大致想象得到其价值。是的，即使使用黄金或者白金，也不会如此昂贵，所以价值二十多万日元的作品并不是靠着原料来定价的。原本一文不值的陶土，靠着艺术家的手，便化身为一万、五万、十万、二十万甚至是三十万的作品。我感到自己有必要在这里给大家讲一讲这种现象背后的意义何在，这也算是为本次展会做一点贡献吧。大家之所以会这样想，是由于大家把出发点都放在了"材料"上。倘若今天我们不讨论陶瓷，而是坐下来探讨名画，那么众所周知，很多名画的价格甚至会浮动到数万元数十万元以上。那么我们就来看看这些名画究竟使用了什么样的材料，是采用了真丝绸缎作为画布呢，还是用了优良的纸张、上乘的墨汁？——答案是否定的。画家们所选用的原料并不是特别地昂贵。反过来说，假如用金箔作画，就能卖一个好价钱吗？——答案也是否定的。正如世人所熟知的牧溪[1]、艺阿弥[2]、相阿弥[3]等名家所创作的水墨画，要论材料的话并不值钱，但他们的作品价值却极高。所以艺术品不能用原材料来决定价值，这是一个不争的事实。

古代陶瓷之所以定价很高，毫无疑问是因为其具有很高的艺术价值。说起"艺术价值"，我认为最近"艺术"二字被滥用得非常严重：女演员们上台舞动身躯便被称为"艺术"，唱片中的流行歌曲也被说成是"艺术"……如此下去的话，"艺术"一词的概念会变得越来越笼统，因为所谓的"艺术"原本是种类繁多的。我更愿意将"艺术"当

1◎牧溪：宋末元初的禅僧、画家。绘画史上中国对日本影响最大、最受喜爱与重视的一位画家。
2◎艺阿弥：日本室町时代艺术家，水墨画画家。
3◎相阿弥：日本室町时代山水画画家。

作一个终极的目标。其中，古陶瓷是最具有艺术生命力的，同时也兼具着作为美术品的生命力，也就是说，古陶瓷还可以被称为美术品。因为古陶瓷作为美术品有着尊贵的价值，故定价昂贵。方才提到的绘画作品也算是美术品，建筑物也一样。再来看看书法家怎么样吧，弘法大师[4]与小野道风[5]高超的书法作品，也算是美术品，应当说它们不能被称为"美术"以外的东西。我提到陶瓷也是有美术价值的，陶瓷和其他美术品互相比较之后，为其定价五万、十万甚至是三十万，我认为是合理的。再用茶碗来举例，既有一元的，也有五十钱的，当下的市场上的茶碗则是十多钱就可以买到，最贵的则要二三十元，究竟是什么因素导致了这样的差异呢？用现代的思维来考虑的话，市场中存在很多的利益关系，有的定价方式可能出自创作者与贩卖者的市场策略，总的来说在各方利益以及市场策略的作用下，便产生了价格一元到二三十元不等的商品。过去保留下来的物件因为其本身的古董价值，经过市场的甄别后便被赋予了一个公道的价格，对古董的估值，市场给出的定价似乎更加地绝对和无误。那么这样的定价又是如何给出的呢？这就又回到了方才我所阐述的其作为美术品所具备的价值高低起了决定性作用。说起美术界，最近"工艺美术"一

4◎弘法大师: 空海，谥号弘法大师，日本佛教僧侣，因其书法功底强而被称为"五笔和尚"。
5◎小野道风: 日本平安时代贵族、书法家。

词流传得甚是广泛，另外还有一个词叫作"纯正美术"，这两个词的区别，简单来说，"工艺美术"指的是工匠所创作的作品，而"纯正美术"则是那些具有艺术价值的作品。

　　说起来，假如人们要区分"工艺美术"和"纯正美术"，也并非无理可循。一件美术品，一方面具有艺术价值，另一方面也体现了工匠的技艺，我们经常用"艺术化""工艺品化"等说法去形容这些东西。就像拉弓射箭射向靶心的行为一样，以上的说法是将"艺术"作为了瞄准的目标——艺术家或者工匠拉起弓，将箭射向艺术。现在世人口中所说的"艺术"，指的就是将艺术当作终极的目标吧。例如日本美术展览会、日本美术院展览会中展出的绘画、雕塑等作品，初衷就是以展示艺术性和工艺性作为目标。偏向艺术性的展品内容更加主观，更加热忱，因为艺术说到底终究还是以内涵为主，而非外表。例如最近受到人们追捧的法隆寺的壁画、推古佛像[6]，都是高贵的象征，这里的"高贵"指的是其内涵方面。说到底，所谓的"创作"，既需要技术，也需要理性和智慧，而真正能够体现出其价值的地方，还是作品本身的内涵。相比之下，工匠更加侧重作品的外表，为了使得外表更加好看穷尽了智慧。举一个极端的例子来说，譬如箱根的特产之一寄木细工[7]，工匠们将各式各样零散的木头细致地拼接起来，而

6 ◎ 推古佛像：推古天皇时代所作佛像的总称。
7 ◎ 寄木细工：木片儿拼花工艺品。

即便是再精巧的寄木细工，也只是工艺品式的作品，是流于表面、技法巧妙的东西，但这个东西本身却无法向人们展现出任何的内涵，这样的作品终究进入不了艺术的范畴。再说说戏剧吧，虽然我鲜有机会观看，但在我心中，最近的演员中最具艺术生命力的男演员，恐怕唯有市川团十郎[8]先生了吧。不论是看他的照片，还是观赏他的书法，都能感受到艺术的气息，我认为将"艺术"二字用在他的身上是妥当的。要问起团十郎先生是什么等级的艺术家，因为我没有亲眼见过他本人，所以并不能下定论，但我可以说，所谓的艺术，虽说不能被分为几千几万种类目，但艺术的确是分为很多层次的。我在这里所指的"艺术"是真正含义上的艺术，而非"艺术化""艺术风"的。上文中提到的推古佛像、法隆寺壁画中的佛画，我认为可以将这些最高雅的东西纳入艺术的范畴。当然，艺术应当分为不同的层次，只要稍微踏出这个范围，就只能称其为"艺术化"的作品，而非"艺术"本身。倘若以推古佛像为高雅艺术的标准的话，便可划分出法隆寺壁画大概处于哪个层次，同理，也可以将周文[9]划分到高的层级，而芜村[10]则处于中间的级别，距离顶流还有一些差距……总之，我认为，将

8 ◎ 市川团十郎：日本著名的歌舞伎演员家族，这里作者指第十一代市川团十郎。

9 ◎ 周文：天章周文，活动于公元15世纪前后，是日本室町时代僧人与艺术家。日本水墨画奠基人。

10 ◎ 芜村：与谢芜村，日本江户时代中期的俳人、画家。

具有艺术气息的作品称为艺术品，并无大碍。只是关于最
近的一些现象我想做出指正，虽然听起来有些冒犯，但我
仍然想要指出我的观点——但凡在日本美术院展览会、日
本美术展览会上发表过作品的画家，在私底下都会被人介
绍："这位是在日本美术院展览会参展过的呢"，"那位的
作品是被选为日本美术展览会特别展品的啦"，"某某曾担
任审查员，是一位艺术家"，云云。于是他们便成了人们
眼中的"艺术家"。但这里的"艺术家"，与"制造艺术的
人"，又不能被等同和混淆。在上述两个展览会参展很多次
的画家被称为"艺术家"，被问及从事何种工作时也用一
句话概括答道"艺术家"，也就是说自称"艺术家"的那些
人，在外界听来并不能够得知这里所说"艺术家"是否等
同于"生产艺术的人"。在我看来，这些人不过是以纯正的
艺术作为奋斗目标吧！暂且不谈关于如何生产艺术的问题，
就说一说与我相交甚好的朋友横山大观[11]吧，即使我当着
他的面说，他也不会动怒——横山大观并不是一个能够创
造出伟大的艺术的人。换作深谙高雅的古典艺术的人也会
说，横山大观还在为达到真正的艺术而努力，那么其他人
亦是如此。单独看来，横山大观等人在当下的时空中，的
确是了不起的存在，但假如和推古佛像做比较的话，作品
与作品之间的差距就会体现得非常明显了。因此，在熟悉

---

11 ◎横山大观：日本近代著名画家。

古典艺术的人们眼中，不仅有着天平年间[12]我们带来的艺术瑰宝，更有藤原时代[13]、镰仓时代、江户时代中诞生的艺术杰作。所以相比之下，当下的艺术品理所应当地处于下位，不及古代作品那么高贵。当然我这里讲的不是那些工艺品，譬如最近人们都有耳闻的一位制作装放烟草的金属制品的工匠——夏雄[14]。夏雄说到底是一名工匠，他一开始追求的东西便与"艺术品"不同，其作品充满了工匠的独特风格，精致美丽，故价格高昂，但他的作品只能被称为工艺品。那么应该如何定义柴田是真的作品呢？在他的作品上也不是看不到艺术性的元素，所以大体上看来应当还是属于工艺品。艺术品与工艺品的界限，并不像水与油一般不能融合，所以柴田是真的作品也可以被认为同时属于两者。大家可以想象一下周遭的物品，其实也是如此，有的更偏向于艺术品，有的则更偏向于工艺品。

以上是我对于艺术品和工艺品所发表的见解，接下来我想继续回到一开始的话题——跟各位聊聊如古陶瓷一般尊贵、昂贵的作品。说到这些作品定价高，原因在于其本身具有强大的艺术生命力，而古陶瓷一类的作品则均值更高。所谓的陶瓷器具，专业来讲称为瓷器，青瓷也包含在

12◎天平：奈良时代圣武天皇之年号，729—749年。

13◎藤原时代：日本文化史、美术史的年代区分方法，具体对应为平安时代中、后期。

14◎加纳夏雄：江户幕府末期至明治时期金属加工制品工匠。

内。青瓷的均价更为高昂，源于它产生的年代是中国的宋朝时期，也就是日本的镰仓时代，众所周知，镰仓时代诞生了众多文学和艺术作品，人们只要谈起镰仓时代的工艺或者绘画，一定会对其表达出几分敬重。正如大家所熟知的兼好法师[15]，虽然他在那个时代已经亡故，但即便如此，如今看来兼好法师在其生命晚期所创作的作品依旧是十分伟大的。日本于镰仓时代初见青瓷，现在人们看到的京都所产的以及苏山[16]所制的青瓷均是以中国宋朝时期的青瓷作为原型的，其中包括中国宋代名窑产出的龙泉青瓷。在日本的镰仓时期，刚从中国传入日本的青瓷，看起来精致无比，超越了当时人们的想象，从此诞生了很多优秀的作品。尤其在成色方面，是其他任何一种烧制方法都无法比拟的，十分高级与雅致，而恰好日本人似乎特别偏爱雅致的东西。而在中国人们似乎更加推崇钧窑[17]，根据文献，钧窑中能够生产一种名为"雨过天青"的色彩，指的是雨停过后挂上晴空的那一抹蓝色，常被用来形容青瓷表面的一种颜色，而在日本人看来，雨过天青就等同于青瓷的色彩。各路说法终究只代表了人们感觉上的细微差距，并无大碍，总之青瓷的成品实在是非常漂亮。在当今的时代看

---

15 ◎ 吉田兼好：日本南北朝时期的官人、诗人、法师，也称兼好法师，著有《徒然草》。

16 ◎ 诹访苏山：日本明治末年到大正期间制作中国青瓷的工匠。

17 ◎ 钧窑：又称均窑，宋代初年在今河南省禹州市神垕镇和钧台建立的瓷窑。

来，不论是刀剑铠甲，还是佛像，镰仓时代的作品总是十分出色的。中国宋代时期的巨鹿古城，曾出土无数件上乘的陶瓷器具，显示了宋代瓷器鼎盛时期的盛况，可以看到当时烧制的香炉、花瓶等物件，外形十分精致美丽，成色高雅，内涵丰富。其中，有一种名为"鬲式炉"的香炉，当今售价已经超过五万，有的甚至高达二十万元。当人们寻得一幅美丽的名画时，便会将其作为房间的装饰，香炉的作用亦是如此。你看壁龛中那个著名的乌樟木台子，要用香炉来装饰这个台子的话，必定非青瓷莫属。抑或当房间中摆放着最高级的家具，陈列着最雅致的装饰品时，也一定要选择青瓷制的香炉，才能与整体风格相匹配。当人们还不懂得鉴赏物品时，在不明所以的心态下任意选择一些香炉，但当人们明白好坏之分后，便会注意到物品之间协调性的重要性，于是人们会发现，不在壁龛中摆放青瓷制的香炉，整体便不能达到和谐的风格。又或者，为了装饰家中的空间，人们费尽金钱，增添各式物件，经营起一个气派的家，可当贵客到来之际，人们便会意识到，壁龛中无论如何都需要摆放一个青瓷制的香炉，于是人们便会花大价钱将其纳入囊中。出于这些原因，青瓷香炉便跃升成为陶瓷器中价格最为昂贵的物件。大家只要实际操作一下便会得知，我今天所说的的确是事实，将青瓷香炉换作其他的物件，定会打破整体的和谐感。

接下来再说一说古陶瓷中价值颇高的茶碗[18]吧。比如大家都见过的抹茶茶碗，在茶会中它是最亮眼的器具了，其次让人眼前一亮的东西便是壁龛中悬挂的字画了吧。可以说茶会房间中扮演主角的是字画，而饮茶时的主角便是茶碗了。如果茶碗具有极高的美术品价值，那么茶会也会随之提升档次，更加彰显出茶会本身的价值，所以自然地，人们很渴望得到一只漂亮的茶碗。在对比了几只茶碗，选出自己心仪的作品后，再看一眼价格，才恍然大悟："原来真是一分钱一分货哪。"就像大家在挑选鞋子或领带的时候，与价格低廉的一方相比，价格高的东西往往是更加耐看和高级的。相信很多人也有这样的经验吧，一件低价的衬衫穿起来觉得已经足够温暖，可是当你穿过高价的衬衫才会明白其高价的理由，再也看不上低价的衬衫。倘若再花大价钱购入纯羊毛衫，你才会感悟到原来这才是最上乘的啊。放到茶碗上来说也是同样的道理。在普通人眼里，似乎有钱人更加看重金钱，但这些看重金钱的有钱人也不会轻易地拿出五万十万去挥霍，但他们却愿意花大价钱去购置用黏土烧制的茶杯，这是源于他们具有很高的审美意识和分辨美的能力。其中不排除有的人是靠自己的主观感觉来判断，抑或是受一般性常识的影响，或者盲目地沉迷其中，受到了别人的煽动而购买的。但总的来说，大家都

---

18 ◎茶碗：日本"茶碗"指宽口径的大茶杯，或者吃饭时使用的小碗。

承认古陶瓷作为美术品有着极高的价值，所以价格昂贵。同时人们还认为价格最高的作品也相应地具有了最高的美术价值。

古陶瓷的产地中国、朝鲜以及日本，三个地方各有特色。今天我并不是为宣传自己而来，但我依旧想说近来日本的陶瓷制品被解读得很深，日本陶瓷的过人之处逐渐被人们所了解。我以自己的经验来看，认为日本制的陶器是比较优秀的。另外，关于书法我也略知一二，书法方面我也更推崇日本书法，画作和建筑物也是一样。相较日本，古代留存至今的建筑物在中国和朝鲜是相对少见的。再说回书法家，古来便受到追捧的弘法大师、小野道风、橘逸势[19]、嵯峨天皇[20]，以及后来的三藐院[21]、近卫家熙[22]，以及江户时期的物徂徕[23]、良宽禅师[24]，还有写得一手好字的京都大德寺的高僧们……他们的书法作品各具特色，在中国很难见到这样的作品。我认为中国的书法形态上很美，侧重技巧，假如书法有一套规则的话，可以说中国的书法将这套规则发挥到了极致。虽然中国书法在

19 ◎ 橘逸势：日本平安时代的贵族与书法家。
20 ◎ 嵯峨天皇：日本第52代天皇，擅长书法、诗文。
21 ◎ 三藐院：本名近卫信尹，号三藐院，安土桃山时代到江户时代初期诗人、书法家，其书法自成一派，被称为三藐院流。
22 ◎ 近卫家熙：江户时代贵族，擅长书法、绘画和日本茶道。
23 ◎ 物徂徕：本名荻生徂徕，日本儒学家。
24 ◎ 良宽禅师：江户时代的禅门曹洞宗僧人，云游僧人，尤其以诗歌、书法著称。

人们眼中大气雄伟，但我认为相比日本的书法，内涵略显
不足。中国书法颇具风采，容貌华丽，形态优美——这在
日本人眼中似乎太过于浓重，虽然在形态方面的确出众，
可是正如见到身披华服的人一样，日本人更注重华服下的
内在。我并不是说中国的书法虚有其表，而是说在内容和
内涵方面稍有欠缺。书法的价值说到底还是体现在其美术
价值和书法家的品位上，越是高价值的书法作品，越能体
现出其艺术价值。绘画和雕刻也是如此，随着美术价值与
作家品位的不断提升，作品也会愈发闻名天下，古陶瓷也
是如此，价格越高则美术价值也越高。换作是艺术品也好，
工艺品也罢，亦遵从这个原则，但我仍然要强调，艺术品
的价值是更高的。比如刚才提到的画家圆山应举[25]，实际
上他的作品十分偏向工艺品，可以说同时具有了艺术性和
工艺品性；森狙仙[26]的作品则大部分属于工艺品性质，可
以说只与艺术沾了一点点边也不为过。这样的作品随着岁
月的流逝逐渐沉淀下来，如今被人们赋予了正统的艺术价
值。虽然过去曾经听说过一个茶碗价值连城的故事，但我
认为那不过是借机炒作和宣传罢了。总而言之，今天我同
大家谈论的是陶瓷品价值的问题，陶瓷价格的贵贱，根本
上看来与其作为艺术品的价值、作为工艺品的价值、作为

---

25 ◎ 圆山应举: 日本江户时代中期的画家。
26 ◎ 森狙仙: 江户时代日本画家，以描绘猴子的画作闻名。

美术品的价值的高低息息相关，起码从我个人的经历来说的确验证了这一点。正是出于这样的观点，所以我将陶瓷和字画雕刻都视为同样的美术品来看待。另外，我在制陶的时候以这些古陶瓷作为自己的范本，我说的就是这次在展会中展出的作品。但我之所以要出售这些收藏品，是因为它们在我的内心已经激不起任何波澜了。不论是多么高贵的东西，朝夕相对十年之久，最后都会失去吸引力。说得形象一些它们就像附着到了我的鼻尖，甚至可以说已经深入我的骨髓。这个时候将这些藏品转手他人，而我再去寻觅新的古陶瓷，以获得新鲜的刺激感，这也是我本次参观展会的目的。从某个角度来看，我的这种行为也许有些狡猾，但在我看来，为了制得更好的陶瓷，除此之外别无他法。即便我成不了岩崎、三井[27]那样的富豪，我也想要活得充实而有意义。我的这个举动虽然显得很寒酸，但也是不得已而为之，所以尽管会为店家带来一些麻烦，但我仍然想按照这个想法贯彻自己的目的。

27◎岩崎、三井：岩崎弥太郎，三菱集团创始人；三井高利，三井集团创始人。

近来浅尝陶瓷器制作之故——
北大路鲁山人

也正因为目睹陶艺界人才的匮乏，
我才会为东洋陶瓷名誉的丧失而感到悲哀。

自古以来发源于东方的陶瓷器颇受人们重视，影响极大，远传西方，乃不争之事实。毫无疑问陶瓷器早年发源于中国，但清朝时期后的作品却逐渐丧失了艺术生命力，开始走向低谷。倘若追溯到明代以前，具有艺术生命力的作品则绝不是少数。朝鲜方面高丽时期最为鼎盛。再看日本，濑户烧之名家加藤四郎[1]、九谷烧[2]之大家才次郎[3]，以及同时期的其他作家曾创作出众多艺术价值极高的作品，然而从此之后，名家之作屈指可数，罕有值得鉴赏的作品。至于现代陶瓷器，实则可哀可叹，我不得不悲叹优秀作品的消亡！仅有的两三位有识之士心怀对艺术的深入理解，坚持不懈地对艺术进行研究，除此之外的作品则完成度极低，作家的心境甚至未曾踏足纯正艺术之领地，这类人等不能创造出打动吾辈心灵之作。其余的作品有的交差了事，有的则仅仅专注于提升工艺品之美感。所谓的陶瓷烧制，

1◎加藤四郎：加藤景正，镰仓时代前期陶艺家，开创濑户烧的始祖。
2◎九谷烧：日本瓷器的分类之一，石川县南部金泽市、小松市、加贺市及能美市生产的彩色瓷器。
3◎后藤才次郎：九谷烧创始者，于明历年间开设。

原本是见识高远之人专心致志地与泥土打交道之后而创作出的作品，然而这类人却十分罕见，大多时候的陶瓷不过是凡夫俗子的拙作罢了。所以当本阿弥光悦、青木木米等有识之士莅临陶瓷界，便立即声名大噪，其作品亦成为天下至宝，这也是不争的事实。有识之士本可不必踏入此等充斥着凡人的世界啊，可以肯定的是他们一旦投身陶艺界，便能轻易地赢得天下。尽管这么说略显失礼，如鄙人这般见识短浅、感觉愚钝之人从事起烧制陶器之业，亦感觉仿佛进入无人之境一般顺风顺水。也正因为目睹陶艺界人才的匮乏，我才会为东洋陶瓷名誉的丧失而感到悲哀。虽然我开始制陶是出于个人的兴趣，但一方面也受到了这些不足之处的刺激，于是变得更加发奋创作。我在自己的窑厂旁边成立了"陶瓷参考馆"，陈列有诸多古陶瓷作品，为大家带来一目了然的观展体验，设立的目的在于温故而知新，从而精进陶艺。参考馆旨在面向普通的陶瓷爱好者，供大家自由观赏，并无其他利益关系。我本是区区一介贫寒之人，设立此馆难免存有寒酸及不足之处，以致令诸君失望，但我仍旧希望这里能为各位爱陶人士的初心增添一丝益处，便足矣。

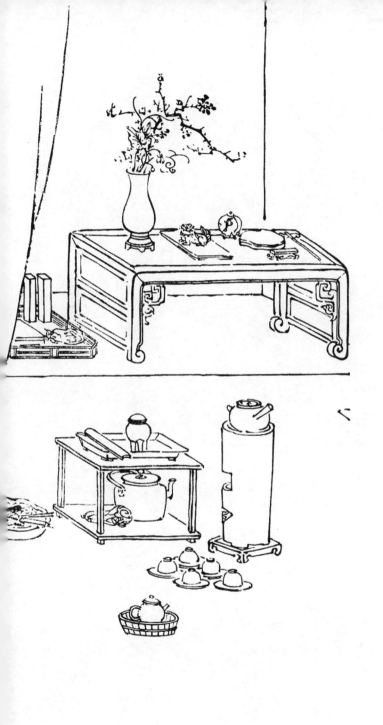

织部陶器——
北大路鲁山人

譬如有描绘网兜之后鸟儿
飞翔的作品，
想必这定是源于织部陶器的
诞生地——美浓的山林间。

　　在我看来，所谓的织部陶器，根据坊间流言，皆认为
出自享誉茶道界的古田织部[1]之手，可我认为事实上并不是
源于他的构思和发明。

　　在古田织部以前，织部陶器就已存在。只是当时并没
有被冠以此名，抑或是以"织部"以外的名称命名。大概
是由于千利休时期古田织部已经有了一定的名声，且其本
人十分迷恋织部陶器，于是便以他的名字命名了这种陶器，
遂如今名为"织部"。

　　所谓的织部陶器，指的是将质朴无华的画作描绘于陶
器之上，紧接着为其整个表面上以淡黄色的釉，整体以日
式风格呈现出来，为日本独有，中国和朝鲜都无前例。古
田织部对此类陶器甚是喜爱，所以向世人大举宣传。

　　世人经常谈论的初期织部陶器上的绘画，是古田织部
让孩子画好之后，他再将这些风格天真幼稚的画作移植到

1◎古田织部：古田重然，战国时代的武将。以古田织部之名享誉茶道界，
他集千利休茶道之大成，在茶器制作、建筑、造园方面风格大胆且自由，
带动了安土桃山时代的流行文化"织部风"。

濑户陶瓷[2]之上。事实也许真如世人所说，但初期织部陶器上的图画不仅创意独特，而且立意千变万化，精美绝伦，所以我认为并不是儿童画作，而是写生题材的画作。譬如有描绘网兜之后鸟儿飞翔的作品，想必这定是源于织部陶器的诞生地——美浓的山林间，人们张开大网，抓捕鸬鹚，而后人们在旁将这一场景以写生的方式记录下来。其中，花草的写生作品是最常见的，除此之外还有恣意描绘眼前场景的作品，或者仅仅根据作者的灵光一现而描绘出的意境图……这样的图案占据了织布陶器的半壁江山，独具特色。比如江户时代末期烧制的织部陶器表面的图案便十分奇特，关于陶土的运用方面亦是如此。

起初的织部陶器本是十分精美的，绝非江户时代所生产的织部陶器仿制品一般下作不堪。织部陶器的特点为器体精致，画作优美，绝不是原封不动的写生画，而是被作家加以精巧的图案化和省略处理，并且在表面为其添上矾红釉。人们总是不停地说："织部陶器代表了日本独特的风格，大放异彩、举世无双……"

但很不幸，江户时代末期的人们在临摹织部陶器的时候，对其产生了误会，于是生产出了太多无趣的作品。然而偏偏鉴赏家们也没有正确地认识织部陶器，于是便错误

2◎濑户陶瓷：爱知县濑户市及其周边生产的陶瓷器之总称，日本六古窑之一。现被用于作为陶瓷器总称。

地以为织部陶器原本就是如此平凡无奇。

就这样，一部分鉴赏家对织部陶器怀揣着错误的见解和看法。回看织部陶器的历史，可以追溯到远在足利时期到安土桃山时期，它便诞生于世，做工精巧，手感厚重，气息温柔，气质典雅，有人认为其将唐津陶器[3]的颜色进行了改良。唐津陶器韵味古朴，初学者很难理解，相比之下织部陶器则种类繁多，且泛蓝或白的部位会折射出美丽的光泽，故深受初学者的喜爱。

众所周知，织部陶器诞生于濑户一带，恰逢当地的窑址于去年左右（昭和五年前后）被人们发掘出来。根据从该窑址出土的陶器碎片可以大致推断出织布陶器诞生初期时代的全貌，在那里，出土了许多让人眼前一亮的陶器呢。

....

3 ◎唐津陶器：也称"唐津烧"，是产于佐贺县东部、长崎县北部的陶器的总称。一说此类陶器因由唐津的港口运输而来才得名唐津。

志野烧的价值——
北大路鲁山人

更重要的是，
只要去观摩它，品鉴它，
便会陶醉于志野烧独特的美感之中，
感到愉悦。

古时的伊贺烧[1]和志野烧代表了纯正的日本风格，在陶器界拥有绝对的权威。它们的价值早在三四百年前就得到了有识之士的盛赞，时至今日，其声望只会越来越高，绝不会衰落和减少。也就是说毫无疑问地，伊贺烧和志野烧成了陶器名品的代名词，其定价也远远超过了中国的万历赤绘[2]、青花瓷、古染付[3]等名品。关于志野烧和伊贺烧的说明不需要等待某位政客来加以说明，我所做的志野烧考证也没有必要在此多加赘述。

话说到这份上，难免有些不近人情，就如身处伊贺烧的故乡伊贺，便会想要论述伊贺烧种种一样，鄙人也借着志野烧窑址的发现，向大家粗略地讲一些我对志野烧的考证吧。

我方才讲到志野烧的价值世间已有定论，受到万人追捧和喜爱，在此我筛选出一两点关于志野烧的创作者身上

1 ◎伊贺烧: 也称伊贺陶器，发源于日本三重县伊贺市。
2 ◎万历赤绘: 指明朝万历年间景德镇瓷器，尊崇红色。
3 ◎古染付: 日本对明末天启、崇祯及清代从中国定做的茶道用青花瓷器的称谓。

令我佩服的地方。要注意这里所指的"创作者"在技艺精进之后晋升为作家，这样的人对我而言也是有一定参考价值的。志野陶器的窑址被发掘，并不能算是什么罕见的事，也不算是什么重要的事。人们心中默默期待着在尾张、濑户地区能有新的发现，所以当被告知窑址位于美浓一带，不免有些失落。有的人还会说，"濑户窑址中似乎没有出现志野烧呢"，一副满不在乎的表情。但假如站在专业陶器研究者的角度来看，志野烧的相关研究意义重大，绝不可忽视它的存在。

先来看看志野烧陶器的碎片吧！有刚出窑还未经加工的、火候过大的、精美的、拙劣的作品，还有红土质地的、成色泛白的陶器，更有前所未见的图案、红色的、黑色的、留白的、手工制作的、转动陶轮制作而成的、茶器类、做其他器具的作品等，各式各样。其中令人倍感意外的是，一直被用于装浓茶的濑户黑的大茶碗，居然被当作同时代的志野烧陶器而一同被发掘了出来。

话题有些偏移，我的意图在于阐明志野烧的艺术价值，而非窑址发掘状况的问题。志野陶器美丽大方，自然可以成为一个宏大的讨论话题。我这里所说的志野烧并不是指那些做工粗糙的东西，譬如装灯油的碟子、放置料理的盘子等类的现代拙作，这些东西不能被当作研究的对象。我只把重点放在那些有价值的志野陶器之上。

可以说，一件好的志野烧作品，在足利时期的绘画以

及雕刻作品面前也毫不逊色，拥有极高的艺术价值。再说
得深入一些，绘画和雕刻是不会受传统规则、固定的创作
手法所左右的，而志野烧则比这二者要更加自由奔放，实
则令观者感到愉悦。即便与朝鲜的茶具相比，不仅不会显
得逊色，反倒可以看出志野烧的独到之处。不得不承认，人
们一看到志野茶碗，便会立即联想到本阿弥光悦。甚至说
在看到光悦之前诞生的、流行于世的志野陶器时联想起光
悦亦是理所当然的。

　　不论人们端详哪个志野茶碗，大多数人脑海中都会联
想起光悦所制的那只大大的茶碗吧，可见光悦对志野陶器
的影响之深远。面对眼前的志野茶碗，总觉得有几丝光悦
的影子，不，甚至可以说它超越了光悦的作品。这样的现
象不单单限于志野茶碗，濑户黑[4]茶碗与志野茶碗一同被发
掘出来，吾辈认为二者应当是属于同时期同窑的作品。传
说随后出现的黑乐茶碗[5]起初便是从濑户黑茶碗中得到的
启发，继而创作出了外形更为轻便的黑乐茶碗。轻轻一瞥
濑户黑茶碗，也许会和黑乐茶碗混淆，但当看见其成品时，
便会感叹它的气宇轩昂，不论是长次郎还是乐道入[6]都无法
超越它，它的身上有着一股不容忽视的坚定气质。

4◎濑户黑：桃山时期美浓的大型窑炉精炼出黑色的陶瓷技术。
5◎黑乐茶碗：在铭尼寺属于茶道用具中的茶碗，为乐烧的代表作品之一。
长次郎最早期的作品之一，于天正十四年为千利休所烧制。
6◎乐道入：日本安土桃山时期至江户初期陶艺家，尤其擅长烧制黑釉茶碗。

　　濑户黑茶碗与志野茶碗出现的年代和窑址均为一致，二者所具备的魅力以及派头可谓难分伯仲。不过志野陶器外形洁白，表面烧制出的成色风情万种，暗红色的图案看起来娴静雅致，独具魅力，吸引来大批爱好者。过去便久负盛名的志野烧到了如今更加地发扬光大。而濑户黑茶碗出生时虽然也十分美丽，可是后来被外形轻便的黑乐茶碗所模仿，给人以魅力值受损的感觉。幸而志野陶器没有被修改成轻便的模样，故得以保持原有的特色，很长一段时间里一直受到人们的爱戴。

　　另外，我认为没有必要为志野烧的作品区分高低贵贱，因为志野烧是上等的陶器，少有的具有纯正日本风格的陶器，是我们应该去珍惜和尊敬的陶器作品，只要这样想就足够了。唯有懂行的研究者会费尽口舌去解读它，对于那些单纯把玩志野烧的爱好者来说，一件陶器属于什么品类、被划分到哪个系统等等，这些知识都是毫无意义的，不会放在心上。

　　尽管作品的创作年代，在对作品的鉴赏方面会产生一定的影响，左右人们的判断，但更重要的是，只要去观摩它，品鉴它，便会陶醉于志野烧独特的美感之中，感到愉悦。方才我也说过，志野烧的伟大，与吾辈人等的解读并无关联，它的美丽是古人赋予，使之呈现于我们眼前的，吾辈只不过是托古人的福才得以见证志野烧的美丽。

　　当然近来也不乏小部分人自吹自擂，打着发掘民艺之美的旗号，鼓吹拙劣的陶器，这是绝对不可取的。站在陶艺研究的角度来看，即使去除掉能为吾辈带来的那些利益，排除吾辈的夸赞，志野烧的魅力值也是绝对不低的。再者，我所写的文章可以作为鉴定资料流传下去（自古以来志野烧的鉴赏被认为是很大的难关），为将来的鉴定家们提供参考，从而擦亮眼睛去辨别陶器的美丑高低，从这个角度看来，对大家是非常有益的啊。

　　与人类的道德品质一样，自然、谦虚、朴素
和单纯都是培养真正的美的必要条件。

图书在版编目（CIP）数据

择一事，终一生 /（日）柳宗悦等著；范芸译. --长沙：
湖南文艺出版社，2022.4
（日本美蕴精作选）
ISBN 978-7-5726-0245-0

Ⅰ . ①择… Ⅱ . ①柳… ②范… Ⅲ . ①工艺美术－日
本－通俗读物 Ⅳ . ①J53-49

中国版本图书馆CIP数据核字（2021）第125249号

择一事，终一生

ZE YISHI, ZHONG YISHENG

作　　者：柳宗悦　北大路鲁山人　谷崎润一郎 等
译　　者：范 芸
出 版 人：曾赛丰
责任编辑：徐小芳
封面设计：八牛·设计
内文排版：M°° Design
出版发行：湖南文艺出版社
　　　　　（长沙市雨花区东二环一段508号 邮编：410014）
印　　刷：长沙超峰印刷有限公司
开　　本：880 mm × 1230 mm　1/32
印　　张：9
字　　数：165千字
版　　次：2022年4月第1版
印　　次：2022年4月第1次印刷
书　　号：ISBN 978-7-5726-0245-0
定　　价：49.80元
　　　　　（如有印装质量问题，请直接与本社出版科联系调换）